これで納得！　即実践！

分散分析と実験計画法

鈴木真人【著】

本書で使用するソフトウェア
教材Excel VBAファイル群
は無償でダウンロードできます。

日刊工業新聞社

はじめに

2007年の『バーチャル実験で体得する 実践・品質工学』をはじめとして、『試して究める！品質工学 MTシステム解析法入門』、『めざせ！最適設計 実践・公差解析』、『今度こそ納得！難しくない品質工学』と合計4冊の書籍を日刊工業新聞社様より出版していただくことができました。

これがご縁となって、日刊工業新聞社様が開催される技術セミナーにおいて、品質工学の『パラメータ設計』と『MTシステム』、『公差解析』などの講師も担当させていただくことになりました。

昨年の春、『実験計画法』の講義はできますか、とお声をかけていただきました。もちろん、喜んでお請けしたのですが、ひとつだけ、セミナー内容についてこちらからの要望をお伝えました。

それは、本書でもくり返し説明していることなのですが、実験計画法は、『分散分析』という統計学の解析手法によるデータ解析を、最小限の費用と手間で実施するための道具であり、主は分散分析であることをしっかりと認識し、これを活用できるような講義内容にしたい、ということです。

モノゴトのふるまいは、単独の要因のみが関与していることはほとんどなく、複数の要因がからみあってそのふるまいに寄与し、それを支配しています。分散分析とは、モノゴトのふるまいに関与しているであろういくつかの要因それぞれに対して、いくつかの選択肢を取りあげて実験し、その結果を統計学の手法を使って各要因がどの程度ふるまいにかかわっているのか、を定量的に分析するための手法です。

常々、皆様は分散分析で得られるような情報を目的として、実験を立案し実施しているのではないでしょうか。

ところが、「実験計画法を活用することで、実験回数を大幅に削減でき、時間とコストをかけなくても正しい結果が得られる」ということが世の中に喧伝されているようで、類書や多くの技術セミナーでは、最初に『実験計画（法）』という冠がついています。しかし、前述のように実験計画法は分散分析を実施するための道具にすぎません。主は、あくまで分散分析です。

本書では、まず、分散分析を目的とする実験はどのように行うべきか、ということを実験という活動の本質から解説します。また、分散分析では非常に重要な情報となる偶然誤差についても説明しています。

つぎに、分散分析のメカニズムを理解するには統計学の基礎知識が必要不可欠ですから、こちらについても Excel で制作したツールやシミュレータを使って、確実に理解できるように解説しています。

さらに、回帰分析、検定といった少し高度な統計学の手法についても解説し、十分に統計に関する知識をもっていただいたうえで分散分析の解説に進みます。ですから、分散分析は決して難解な手法ではない、ということをきっと理解していただけることでしょう。

そして、いよいよ実験計画法についての解説にはいります。本来、すべての要因の選択肢を、総あたりで組みあわせて実験しなければ分散分析は実施できないのですが、実験計画法を使うことで、総あたりの組みあわせから抜粋した少数の実験のみで分散分析が実施できる理由と、その効果や問題点について説明します。

また、モノゴトに関与する複数の要因間には、『交互作用』という分散分析で解析した結果得られる情報に、悪影響を及ぼす状況が存在することもあります。この交互作用についての解説と、あわせて交互作用の影響を受けにくくするための実験計画の立案方法や、交互作用の悪影響を軽減するためのデータ解析方法についても説明しました。

総あたりの実験、および、実験計画法を使った実験で得られたデータを分散分析で解析するには、Excelを活用しなければいけません。そこで、本書の読者の皆様には、筆者がいつも実践している分散分析のためのExcelフォーマットや、実施例をダウンロードできるようにしました。また、統計学や実験計画法で使用する直交表についての学習を支援するツール群もダウンロードできますので、あわせて活用してください。

最後に、分散分析と実験計画法の書籍の企画を、日刊工業新聞社様に意見具申していただきました、同社イベント事業部の野寺陽介様、書籍化にむけてご尽力いただきました出版局の木村文香様、そして、編集、校正をしてくださいました㈱日刊工業出版プロダクションの北川元様に感謝とお礼を申し上げます。ありがとうございました。

ちょうど、本書を執筆するきっかけとなったセミナーの準備をしているときに父が亡くなり、そして、まもなく原稿が完成するというときに母が他界しました。

本書を今は亡き両親にささげます。

2018年2月8日　鈴木 真人

無償ソフトウェアのダウンロードの仕方

本書をよくお読みいただいたうえで，以下のサイトにアクセスしてください．特設サイトへつながります．

http://pub.nikkan.co.jp/html/bunsan_keikaku

詳細については，第2章（27ページ），および特設サイト内の注意事項をご確認いただくようお願い申し上げます．

目　次

第4章 検　定

第5章 分散分析

第6章 実験計画法の基礎

第7章 直交表の性質と割付の工夫

第8章 分散分析の展開

第1章

分散分析を目的とした実験と実験計画法の活用

1・1　実験の本質

《仮説検証のための実験と応答を観察する実験》

一般的に実験ということばを聞くと、ほとんどの方が小学校のときに経験した理科の授業を思いだすことでしょう。小学校の理科の授業では、二酸化マンガンと過酸化水素水を使って酸素を発生させたり、豆電球を電池につないで発光させたりする実験をします。これらの実験は、すでに確立している理論や原理、法則などを児童・生徒に理解させ、納得させることを目的として行われます。

しかし、この本を手に取られた方が行う実験は、理科の授業の実験とはその意味と目的が違います。皆さんは多くの場合、ある仮説を立証するため、あるいは、未知の情報を得るために、実験という技術的な活動を行っているはずです。

仮説を立証するための実験を**仮説検証実験**といって、立証したい仮説についてその仮説が正しいという証拠となる情報を集めることを目的としています。証拠となる情報が十分に集まって、その普遍性を確認することで仮説が立証されます。

一方、なかのしくみがどのようになっているのかわからない対象に対して、その対象にいろいろな**刺激**を与え、その**応答**を観察することで、そのしくみを想像したり、解明したりすることを目的とした実験を行うこともあります。これを本書では、**応答観察**を目的とした実験と呼ぶことにします。

《実験の目的》

研究者や技術者にとって実験はとても重要な活動であり、実験を行うことによって仮説を立証したり、未知のしくみを想像、あるいは、解明したりすることで、つぎの段階に進むことができるようになります。いずれの実験も、科学的な研究や工業技術の開発だけでなく、農林水産業、医学・薬学、社会学、心理学、経済学などありとあらゆる分野で活用されています。

しかし、もっとも大切なことは、実験をすること自体ではなく、実験によって得られたデータから、役に立つ重要な情報を抽出することです。残念ながら、実験でデータを得ること自体が目的となってしまい、データからの情報抽出、つまり、解析がおろそかになっていることがとても多いのではないでしょうか。

《実験結果から情報をひきだす》

料理をするとき最初に行うのが食材集めです。しかし、食材を集めただけでは料理にはなりません。集めた食材を腕のよい料理人がいろいろな調理器具を使って下ごしらえし、**レシピ**にしたがって調理することでおいしい料理が完成します。その結果、この料理を食べた人の満足が得られるのです。

実験を料理にあてはめると、実験で得られたデータが食材です。料理人は皆さん自身です。調理器具とレシピが解析手法です。そして、完成した料理が実験の目的である有益な情報になります。いくら、食材や道具、レシピがよくても料理人の腕が悪くては、おいしい料理にはなりません。つまり、正しい実験を行って良質なデータを得たとしても、対象に関する固有技術の不足が原因となって、まちがった手法で解析してしまったのでは、せっかくの実験やその結果が台無しになってしまいます。

また、目的に合った手法で解析したとしても、得られた情報を正確に読みとくことができなければ、その後、正しい技術活動に結びつけることができません。つまり、実験と解析を行い、その結果を判断する技術者の技術対象に関する固有技術が高くなければ、実験や解析が正しく行われないとか、得られた情報を有効に活用することができない、ということになります。

ただし、実験で得られたデータと料理用の食材には、決定的な違いがあります。食材は料理をすると消費されてしまいますが、実験で得られたデータは、解析をしてもなくならないということです。そのため、得られた情報を1つの解析手法で解析するだけでなく、いろいろな解析手法を使って、目的に対する多様な情報を抽出することができます。そして、それらの目的に対する多様性のある解析結果から得られた情報を総合的に分析して判断することで、今後の技術活動に関する方針はより正しいものになるはずです。

実験とは、料理における食材集めの第一歩です。しっかりと実験の内容を検討したうえで実験装置を構築し、実験環境を整えて、正しい方法で実験を行い、実験後に行う解析で役に立つデータを集めることに注力することが大切です。

1・2　応答観察を目的とした実験について考える

《応答観察を目的とした実験の本質》

以前、ある企業のCMでは日本と英国との算数の問題の違いを題材にしていました。日本では小学校低学年の算数の問題は4＋5＝□というように出題されます。一方、英国では□＋△＝9というように出題されます、ということでした。

「子供それぞれに答がある」ということばでCMは締めくくられていたように記憶しています。

応答観察を目的とした実験は英国の算数の問題を解くのに似ています。□にある数字をあてはめたとき、△にはどの数字が入るのか、たとえば、□に3という数字をあてはめる（刺激を与える）と△には6という数字があてはまるという結果（応答を観察する）になります。当然、□に3以外の数字をあてはめると△の値も6ではなくなります。

《技術活動における実験の使いわけ》

製品を設計するときのことを考えてみましょう。設計者は要求されたある機能を発揮するように、なにもないところから機械や電気回路の設計を始めます。その過程では、こうすれば、こうなって、要求された機能を発揮できるはず、という仮説のもとに設計を進めていきます。つぎに、一旦設計が完了した時点で試作品を作ります。そして、その試作品の評価を目的とした実験を行います。その結果、試作品が要求された機能を目標どおりに発揮してくれれば設計は正しかったことになります。これは、典型的な仮説検証実験による技術活動になります。

その後、自発的、あるいは、上司からの指示で、気温が低いときでもちゃんと機能を発揮するか、という検証を行います。ここで、ちゃんと機能を発揮してくれればよいのですが、多くの場合、うまく機能を発揮してくれません。こんな経験は皆さんもあることでしょう。

このような状況では、なぜ、低温でうまく機能しないのか、という事実に意識が集まり、この部品が低温では性能が低下するのではないか、だとか、この部品とこの部品の関係が低温で変化するのではないか、など、ああだこうだと仮説を立てて、**原因追及**という技術活動が始まります。そして、何番目かの仮説が正しいと立証されると、原因とされるその仮説に対して対策を打つことができ、一安心します。

すると、今度は気温が高くなるとどうなるの、となり・・・また、仮説検証実験をする羽目になります。もぐらたたき、いたちごっこの始まりです。多くの場合、試作品の評価では仮説検証実験のくり返しになりがちです。というのは、こうすれば正しく機能を発揮するはず、という仮説を立てることが最優先となり、これをもとに実験のレシピを作り、実験を進めていくからです。しかも、この間に何回も試作部品の再設計、再製造がくり返されることになります。いたずらに仮説検証実験をくり返しても、なかなか状況は好転してくれません。

《応答観察を目的とした実験を活用　分散分析を行うために》

それでは、試作の評価を開始する時点から応答観察を目的とした実験を計画したらどのようになるでしょうか。くり返しになりますが、応答観察を目的とした実験とは、評価する対象に刺激を与えて応答を観察して、対象の中のしくみを想像するという方法です。つまり、試作が正しく機能を発揮するか、否か、という視点ではなく、まずは、得られた実験結果から評価対象が正しく機能を発揮するしくみを想像します。つぎに、想像したしくみから、期待される機能を発揮させるためには、どうしたらよいのか、と考えて技術活動を進めていきます。

そして、こうすればよいだろうというアイディアをだし、このアイディアを仮説として仮説検証実験を行い確認する、というながれで進めます。最終的には、仮説検証実験が必要になりますが、もぐらたたきやいたちごっこにはおちいりにくくなるのではないでしょうか。

具体的にこのながれについて説明します。設計者が正しく機能を発揮するはず、という仮説をもとに“本家の試作品”を設計します。このとき、試作品を構成する主要な要素や部品を異なる条件で設計した亜種、たとえば、部品の材料やユニットのグレードを変えたものもあわせて用意します。

つぎに、本家の試作品も含めて、用意した亜種で組みたてた試作品について実験し、データを採集します。そして、得られたデータを分析してもっとも望ましい設計案を探しだし、これを再度評価して機能の発揮を確認する、というながれです。実は、このながれこそ本書でこれから説明する“**分散分析**”と“**実験計画法**”の本質になります。

1・3　分散分析と実験計画法の概要

《分散分析を実施するための実験手法は》

あるモノゴトがあるふるまいをするとき、そのふるまいを支配しているなんらかの要因が必ず存在するはずです。しかも、その要因が1つということはほとんどなく、複数の要因が関連して、ふるまいに関与してこれを支配しています。

つぎの例を考えてみてください。

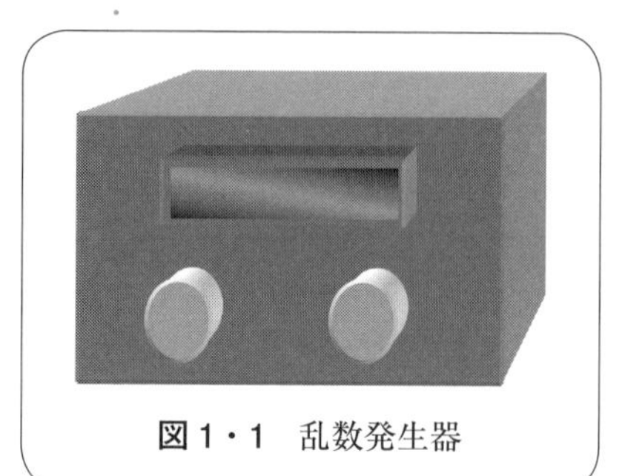
図1・1　乱数発生器

表1・1　ダイアルあわせの結果

A＼B	1	2	3
1	1	4	
2	2	5	
3	3	6	

図1・1にしめす乱数発生器があります。乱数発生器にはAとBの2つのダイアルがついていて、それぞれ数字が刻まれています。2つのダイアルをあわせた数字によって、乱数発生器はある整数を表示します。この乱数発生器のAとBのダイアルを（1,1）から（3,2）まであわせた結果が**表1・1**です。AとBが関連して表示する整数を決めています。2つのダイアルが要因であり、ふるまいの結果が表示される数値ということです。

仮説検証でこの乱数発生器のしくみを解明しようと考えると、Bを3にあわせてAを1、2、3とした結果を想像し、乱数発生器のしくみについてある仮説を立ててからAのダイアルをまわし、その結果と自身が立てた仮説の結果を検証することになります。

一方、応答観察を目的とした実験は、まず、Bのダイアルを3にあわせ、Aのダイアルをまわして結果を表1・1に書きくわえていきます。そして、でそろった9個の数字をもとに乱数発生器のしくみを想像します。

分散分析を実施するために行う実験は、応答観察を目的とした実験になります。統計解析に必要になるすべてのデータがそろってはじめて分散分析の実施が可能になるのです。

ところで、Bを3にしてAを1、2、3にあわせると表示される整数はそれぞれいくつになるのか、皆さん予測してみてください。

《1元配置実験について》

モノゴトのふるまいを支配している複数の要因それぞれが、そのふるまいにどの程度関与し、支配に寄与しているのか、を調べることを目的として実験を行い、その結果であるデータを統計学的に解析することこそ、“分散分析”です。

いろいろな要因がふるまいに個々に独立して関与し、それを支配しているならば、個々の要因がふるまいに及ぼす影響や効果を調べることは簡単です。それぞれの要因ごとにその要因がふるまいに及ぼす影響や効果を分離することができるからです。

ある要因に複数の選択肢があるとき、ほかの要因の選択肢をいずれかに固定した状態で、その要因の選択肢だけを変えて実験して、その結果を観察すればよいでしょう。これを**1元配置**の実験といいます。

《分散分析は意味がない!?》

もともと分散分析の原理は、個々の要因が結果に及ぼす影響や効果は互いに独立していて、それぞれの要因が結果に及ぼす影響や効果の大きさの足し算として結果を支配しているという、“**加法性**の成立”を前提としています。ならば、1元配置の実験をそれぞれの要因について行うことでも同じ結果が得られるので、分散分析という手法はあまり意味がないね、と考えられるかもしれません。

しかし、世の中の事象のすべてがこのように加法性が成立する単純なしくみであれば、試作品評価などの仮説検証実験で起きるもぐらたたきやいたちごっこは起こらないことでしょう。自然界の事象や社会的な現象、そして、人工的に作りだされるしくみなど、ほとんどのモノゴトはもっと複雑にふるまいます。そのため、1元配置の実験で成果を得ることは困難です。

多くの場合、モノゴトのふるまいを支配している複数の要因は互いに影響しあって、そのふるまいに対してなんらかの影響や効果を及ぼしています。つまり、現実世界ではほとんどの場合において、加法性が成立しないのです。それでは、加法性を前提としている分散分析は使えないのではないか、と思われることでしょうが、そうではありません。これは本書を読み進めていただければ、必ず納得していただけるはずです。

また、分散分析にはもう1つの目的があります。それは、あるふるまいをする対象に対して、分散分析を目的として行った実験の結果から、ふるまいへの影響や効果が、ある要因の選択肢ごとに異なるという情報が得られたとき、その異なりが選択肢の違いによる必然的なものか、それとも偶然なのか、を判断する、ということです。これを説明するには、**“誤差”**についての知識が必要になります。誤差については後ほど説明します。

《分散分析の制約と実験計画法との関係》

実は、分散分析を目的として実施する実験には、とても大きな制約があります。それは、評価対象のふるまいを支配していると考えて取りあげる要因それぞれについて複数の選択肢を取りあげ、それらを**総あたり**で組みあわせ、すべての組みあわせで実験してそれらのデータを求める必要がある、ということです。しかも、1つの組みあわせでくり返して実験を行い、複数のデータを採集しなければいけません。実験に取りあげた要因の選択肢を総あたりで組みあわせて行う実験を**完備型実験**といいます。

たとえば、あるモノゴトのふるまいを支配しているであろうと考えられる要因が4つあって、それぞれの選択肢が3つずつあったとします。

このとき、総あたりの組みあわせは、3×3×3×3＝81通りになります。しかも、それぞれの組みあわせで複数回のくり返し実験データを採集する必要があるので、少なくともその倍、162回実験を行うことになります。これを真面目に行って、正しい分散分析を行えば、すべての要因について、それぞれの選択肢がどの程度ふるまいに影響や効果を及ぼすのか、という事実を確実に把握できます。同時に得られた要因それぞれについて、選択肢ごとのふるまいに及ぼす影響や効果の違いという情報が、選択肢の違いによる必然的なものなのか、それとも偶然の範疇か、を統計学的に判断することも可能になります。

しかし、これを真面目に実験すると、とてつもなく時間とコストがかかってしまうことでしょう。さらに、実験回数が多くなり時間がかかると、日々の気象、場合によっては季節の変化など、実験環境が変化してしまいます。当然、これらの変化は実験結果に影響を及ぼす懸念があるので、安定的な実験を行うためには、実験環境が変化しないように管理する必要が生じます。ここでもコストが発生します。

　そこで、実験回数を減らして、なおかつ、分散分析を行って、モノゴトのふるまいを支配する要因とその選択肢に関する情報を得られないか、と考えだされたのが“**実験計画法**”です。

《実験計画法の目的と直交表》

　ここまでのはなしからしっかりと認識していただきたいのは、主役は分散分析であり、実験計画法は分散分析を能率よく行うための方法である、ということです。実験計画法を活用すると、実験を行う組みあわせを大幅に削減できるので、実験の能率とコストの削減におおいに役立つことになります。どうもこの利点に目がいって、分散分析ではなく実験計画法が主役として、書籍や研修・セミナーではあつかわれている場合が多いようです。

　しかし、モノゴトのふるまいに関するしくみを調査するうえで、最大の情報量が得られる総あたり実験よりも、実験計画法で採集したデータを分析し結果として得られる情報は、その量と質が確実に低くなります。それでも節約できる時間と削減できるコストを考えると、その効果はとても大きいものになります。

　たとえば、先ほどの4つの要因にそれぞれ3つの選択肢がある場合、総あたり実験の組みあわせは81通りでしたが、実験計画法を使えばその81通りのなかの9組だけを実験すればよいのです。このとき、81通りのなかから適当に9組を抜きだすわけではありません。そこにはちゃんとしたルールが存在します。そのルールに基づき、どの組みあわせを選べばよいのか、をしめしているのが“**直交表**”という道具です。

　直交表の一例として**表1・2**にしめすのは、4つの要因にそれぞれ3つの選択肢がある場合に使う**L9直交表**です。上の表中の**因子**とは実験に組みこむために選んだ要因のことです。また、**水準**とはそれぞれの因子における選択肢のことです。

　そして、下の表のように因子ごとに選びだす水準がしめされ、その組みあわせが9通り提示されています。実際に直交表と呼ばれるものは表1・2の下の表です。

表１・２　L9 直交表

因子/水準	A	B	C	D
第 1 水準	1	1	1	1
第 2 水準	2	2	2	2
第 3 水準	3	3	3	3

実験	A	B	C	D	実験結果	
No. 1	1	1	1	1		
No. 2	1	2	2	2		
No. 3	1	3	3	3		
No. 4	2	1	2	3		
No. 5	2	2	3	1		
No. 6	2	3	1	2		
No. 7	3	1	3	2		
No. 8	3	2	1	3		
No. 9	3	3	2	1		

この 9 通りの組みあわせそれぞれで、少なくとも 2 回くり返して実験を行い、18 個のデータが採集できれば分散分析を行うことができ、因子ごとにそれぞれの水準がふるまいに及ぼす影響や効果を推定することが可能になります。本書ではこの後、ある因子について確認できた水準それぞれがふるまいに及ぼす影響や効果を“**水準効果**”と呼ぶことにします。

1・4　システムと交互作用について

《システムを考える》

前節で、「モノゴトのふるまいを支配している複数の要因は互いに影響しあって、そのふるまいに影響や効果を及ぼしている」と書きました。具体的にはどのようなことかこの節で説明しますが、その前に**システム**ということばについて説明しておきます。

システムとは、**図１・２**にしめすように、“物質”、“エネルギー”、“情報（信

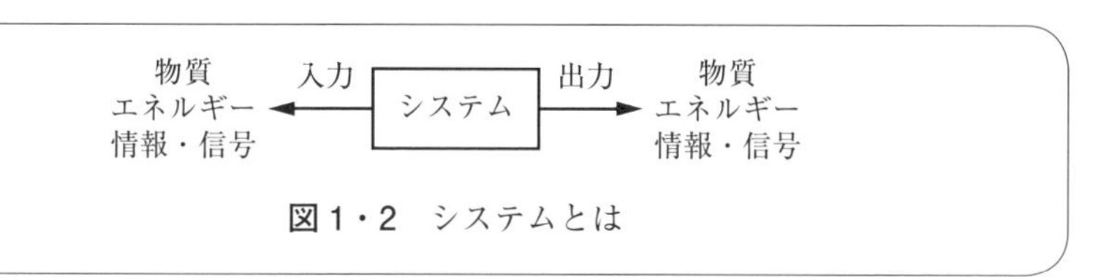

図1・2　システムとは

号)”が入力されると、そのシステムに要求される機能にしたがい、別の、“物質”、“エネルギー”、“情報（信号)”を出力することを目的とする**変換機**です。一般にシステムというと人工的なものととらえがちです。

しかし、人工的なものではありませんが、植物の葉緑体が行う二酸化炭素（物質)、水（物質）と光（エネルギー）という入力を得て、炭水化物（エネルギーを蓄積した物質）と酸素（物質）に変換する光合成も、自然界に存在しているシステムです。

システムについてのわかりやすい例として、ガソリンエンジンを考えてみます。ガソリンエンジンは供給されるガソリンを燃焼することで、動力を産みだします。ガソリンという物質に蓄えられている化学的エネルギーを動力という機械的エネルギーに変換するシステムです。

《交互作用という存在》

もう少し丁寧に考えてみると、ガソリンエンジンには、ガソリン（エネルギーを蓄積した物質）だけでなく、空気も入力される必要があります。空気に含まれる酸素（物質）がなければ、ガソリンは燃焼できないからです。

また、スパークプラグの火花（エネルギー）も必要ですし、回転量を制御するためのスロットルの開き量という情報も必要です。そしてガソリンエンジンは、これらの入力を彼に期待されている機能である動力（回転量とトルクの積：エネルギー）に変換して出力します。同時に熱（エネルギー)、二酸化炭素や一酸化炭素（物質)、NoX や SoX（物質)、水（物質)、音や振動（信号）も出力されます。

スロットルの開き量を大きくして、ガソリンエンジンに供給するガソリンの量を増やすと、目的の出力である動力は大きくなるか、というとそうではなく、

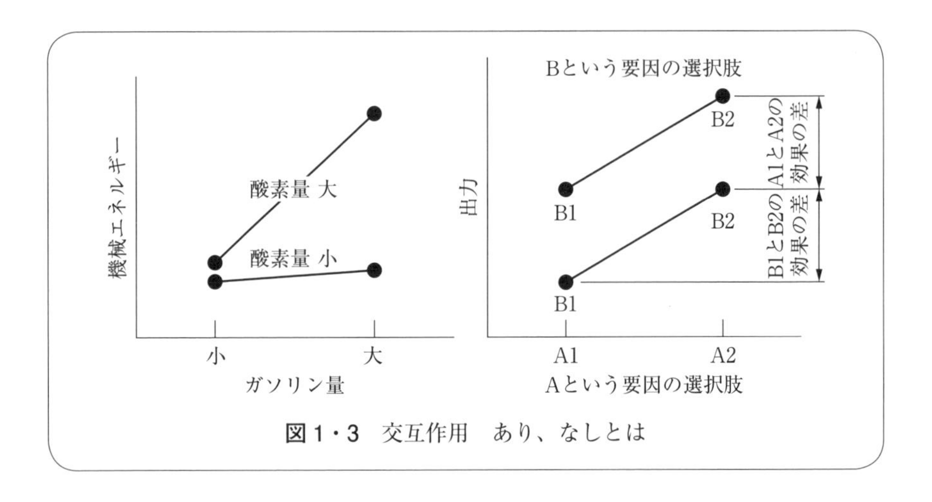

図１・３　交互作用　あり、なしとは

酸素の供給量も同時に増えないと、ガソリンは不完全燃焼して動力は頭打ちになります。

また、化学的エネルギーを持っているのはガソリンですから、酸素の供給量だけをいくら増やしたところで取りだせる動力には限界があります。この関係は**図１・３**左側の図のようになります。

ガソリンエンジンでは、入力されるガソリンと酸素という２つの物質が互いに影響しあって、出力される動力にかかわっているのです。このような状況を“**交互作用**がある”といいます。一方、図１・３の右のように、２つの要因が相手に関係なく、それぞれが独立して結果系にかかわっている場合、“交互作用がない”という状況になります。

図１・３の右側の関係では、要因Ａの選択肢であるA1とA2が結果系に及ぼすそれぞれの水準効果は、要因Ｂの選択肢であるB1とB2のいずれと組みあわせても変わりません。つまり、それぞれの水準効果に加法性が成立していることになります。

《実験計画法の本質的な問題　完備型実験との違いとは》

前節でも書きましたが、加法性の成立を前提としている分散分析を総あたり実験で行う場合は、一つひとつ実験結果を確認すれば、目的に対してどの結果がもっとも望ましいものであるか、の判断ができます。

さらに、実験結果からどの要因とどの要因の間に交互作用があるのか、という検証もできます。しかし、実験計画法を採用して行った実験では、直交表にのっとって取りあげた組みあわせの中に、もっとも望ましい組みあわせが含まれている可能性は、きわめて低くなります。そのため、もっとも望ましい組みあわせは、得られた解析結果から推定することになるのですが、この推定の工程では要因が結果に及ぼす影響や効果の加法性を前提として計算します。したがって、要因間に交互作用が存在している場合、この推定結果の信頼性は低くなる、ということを十分に認識しておく必要があります。

また、多くの直交表は交互作用を検証することができません。このように実験計画法を採用して実験する場合、交互作用は、解析結果の信頼性に悪影響を及ぼします。そのため、ある要因と別の要因の間に交互作用がありそうだな、と思われるような対象についての実験には注意が必要です。しかし、要因間の交互作用がなるべく影響しないように実験計画を立案したり、計算工程に工夫したりすることも可能です。こちらについては、第7章で解説します。

1・5　計測という行為と誤差の本質

《計測と計測器》

計測とは、モノゴトの状態・状況をあらわすいろいろな物理・化学的特性を人間が認知しやすい数字に変換することです。計測に用いる計測器の表示方法には2種類あります。それは、アナログ表示とデジタル表示です。

皆さんも電源の電圧や抵抗の大きさを計測するとき、テスターと呼ばれる計測器を使ったことがあると思います。現在のテスターはほとんどのものが、計測結果を液晶画面に数字で表示するデジタル式ですが、昔は扇型に記されている目盛のうえで回る細い針が指ししめす値を読みとるアナログ式でした。

デジタル式のテスターは、その内部に計測された電圧を数値に変換する**ADコンバータ**という電子回路が入っています。ADコンバータは、連続的な電圧などのアナログ情報を、不連続な値に**離散化**して**デジタル情報**に変換します。

離散化のための最小の幅を**分解能**といいます。分解能が小さいほど、精密な計測をすることができます。

AD コンバータでは計測するために入力された電圧を、この分解能で割って得られた数値をもっとも近い整数にまるめ、その整数に分解能を掛けた値を計測された電圧として数値化します。この値を液晶画面に表示するのがデジタル式のテスターです。

《誤差について》

したがって、テスターが完全に正確な状態であり、かつ、厳密な変換機能を持っていたとしても、計測対象である現実の電圧に対して表示された電圧の値は、最大分解能の 1/2 の誤差が生じます。もし、計測対象の電圧の端数がちょうど分解能の 1/2 に相当していた場合、計測をくり返すと 1/2 の確率で分解能分だけ大きくなったり、小さくなったり、違う値をしめすことになります。デジタル計測器で計測した結果の値には、必ずこのような誤差が含まれています。

一方アナログ式のテスターでは、別の誤差が発生します。**図 1・4** を見てください。皆さんはこの計測結果を何ボルトと読みとりますか。17.8 V、17.9 V、それとも 17.85 V ですか。計測者が異なるとその値はゆらぎます。

また、同じ計測者であっても、テスターの傾き、気温、部屋の照明など環境の違いや計測者の体調などによっても、読みとり結果がゆらぎます。これらは、偶然に支配された誤差、すなわち、**偶然誤差**です。そして、偶然誤差は常に同じ量になるのではなく、計測するたびに異なり、その値は**正規分布**にしたがう

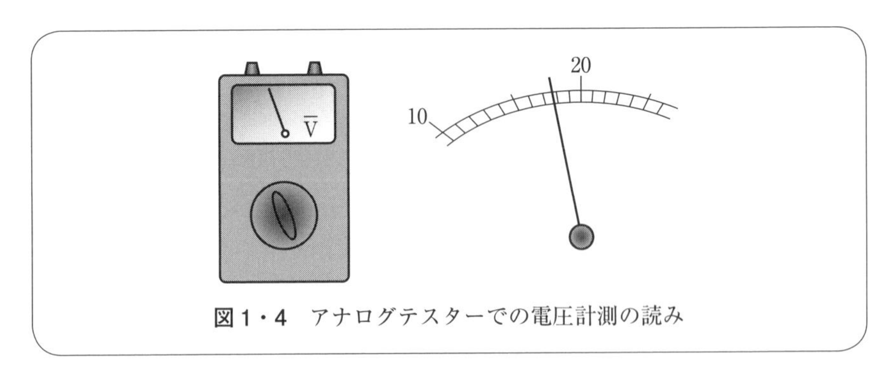

図 1・4　アナログテスターでの電圧計測の読み

ことが知られています。正規分布については、第2章で説明します。

《誤差の種類》

計測工学では、計測対象の真の値を T（：true；**真値**）、計測結果を M（：measured）として、i 番目の計測結果での誤差：ε_i はつぎの式でしめされます。

$$\varepsilon_i = M - T \qquad \cdots\cdots\cdots(1.1)$$

くり返しになりますが、ε_i は計測ごとに異なる値になり、その群れは正規分布にしたがいます。そして、この誤差の混入を防ぐことはできません。

誤差には偶然誤差のほかに、計測器自体の品質、性能や特性、そして管理を原因とした誤差も存在します。アナログ式テスターで電圧や電流を計測する原理は、計測対象そのものである電気をコイルに通電して、電流の大きさに比例して発生する力を利用して回転した針の角度を読みとることです。したがって、コイルを構成しているエナメル線の全長や線径のばらつきに由来して、同じ型番のテスターであったとしても個体差が発生します。また、文字盤と針の中心との位置関係も個体差があり、これは読みとりの誤差に影響します。

ただし、理論的にはこれらの誤差は計測器の計測精度の範囲内に収まるように調整されていて、メーカー側の品質管理で保証されています。そのため、厳密な電源を使って校正を行えばその誤差の量は把握できるので、比較的簡単に補正することができます。

しかし、校正してから計測直前までの計測器の保管状態によっては、針が指す位置がゼロからずれている懸念もあります。また、これを調整するときにも、作業者によってばらつきが発生します。こちらは偶然誤差になります。

《誤差の本質とその処理》

さて、誤差は悪いものか、というとそうではありません。実は、誤差が存在するからこそ、分散分析の目的の１つである水準間の効果の違いが必然的なものか、それとも偶然の範疇であるか、の検証ができるのです。分散分析では実験結果を統計解析することで、偶然誤差を分離します。そして、水準ごとに異なる効果の大きさを、推定された偶然誤差の分布の範囲と比較することで、水準効果の違いが水準の違いによる必然的なものか、それとも偶然誤差の範疇なのか、という検証を進めていきます。

ところで、誤差の本質とはなんでしょうか。たとえば、精密なはかりである物体の重さを測ったとします。ここで測る重さとは、その物体の質量にはたらく地球の重力加速度で生じる地球の中心に向かう力です。重さを測るといっていますが、実際に計測したいのはその物体の質量です。質量を直接計測することは難しく、なるべく簡単な計測手段を用いて質量を推定するために、その物体にはたらく重力という力、つまり、重量という代替特性を計測しているのです。

そのため、同じ物体であっても、地球上のどこで測るかによって、計測結果が異なる可能性があります。赤道付近では地球の自転の影響によって遠心力がはたらき、重量計測の結果が小さくなるかもしれません。

地球上の同じ場所で何回かあるモノの重量を計測したとします。値が異なるデータが複数得られたとき、皆さんはどのような処理をしますか。多くの方が、データの**平均**を計算することでしょう。では、なんのために平均を計算するのか、正しく理解できていますか。この節では簡単な説明にとどめますが、くわしくは第２章で説明します。

《誤差と真値の考え方》

複数の重量計測の結果を計算して求めた平均は、その物体の質量の真値ではありません。真値の推定値です。計測を継続してデータを追加したり、計測をやりなおしたりすると平均の値も変わってしまいます。

したがって、その物体の真の質量を正確に知ることは永遠にできません。そのため、誤差という存在の足場もあやしくなってきます。真値が認識できないのなら、真値と計測値のずれである誤差も定量化できなくなるからです。このような考えのもと、誤差の考え方も時代とともに変わってきています。ただし、分散分析においてこの考え方の変化は、まったく問題にはなりませんから安心してください。

《分散分析の目的と誤差の関係》

分散分析の目的は、因子の水準がモノゴトのふるまいにどの程度寄与しているのか、という情報を引きだすこと。および、水準間で結果に違いがあるとき、それは水準の違いによる必然的なものなのか、それとも偶然誤差の範疇か、を判断することです。

製品の品質管理のように、同じ特性を有する複数の個体を計測対象とした場合ではなく、唯一の計測対象に関する特性値の真値と、その唯一の計測対象の特性値を複数回計測したことによって生じる誤差の関係を**図1・5**にしめします。

複数回の計測のうち、1回の計測で得られた結果と真値のずれが誤差です。また、複数回の計測結果の平均は真値の推定値と考えます。真値の推定値と計測結果の平均は、校正しきれていない計測器のくせなどを由来として発生する**かたより**になります。なお、計測結果の平均を“真値の推定値”とした場合、**偏差**にあたる部分は**残差**と呼ばれます。偏差については第2章で、残差につい

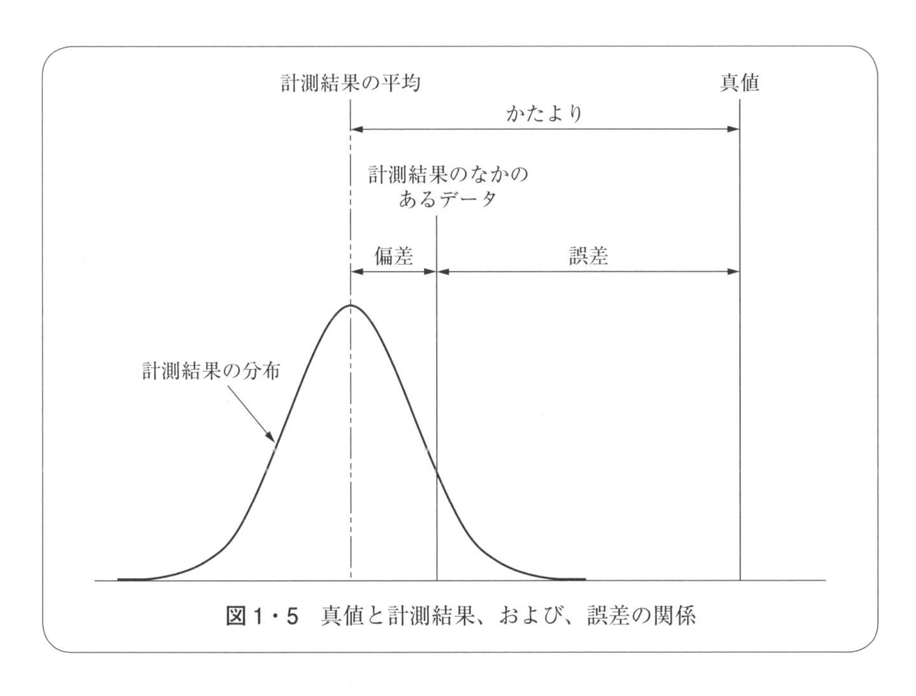

図1・5　真値と計測結果、および、誤差の関係

ては第３章で説明します。

誤差の本質を追求することは本書の役目ではありませんので、この程度に留めておきます。

1・6　計測結果の信頼性を高めるための努力 フィッシャーの３原則

《フィッシャーの３原則　良質なデータを得るための工夫》

前節で説明したように計測という技術活動では、誤差という問題を切りはなして考えることはできません。誤差とはうまくつき合っていく必要があります。なるべく誤差の影響を小さくすると同時に、誤差をうまく活用していこう、と考えた人物がいます。それが、20世紀初めに活躍したR. A. フィッシャーというイギリスの農業技術者です。彼は農産物の収率向上を目的として、農業実験に統計学を活用し、最終的には実験計画法の考案に結びつけました。

彼は実験を行うときに、実験の精度の獲得、および、解析結果として得られる情報の信頼性の向上、そして、誤差を顕在化させてこれを評価に活用するために、順守すべき３つのきまりを提唱しました。それが『**フィッシャーの３原則**』です。そして、この３原則があるからこそ、実験計画法が成立するのです。それでは、フィッシャーの３原則を説明します。

◆反　復

ある因子を構成している１つの水準について、同じ条件、あるいは、異なる条件の組みあわせのもとで２回以上くり返して実験を行い、複数のデータを採集する。

◆無作為化

実験の順序・順番、実験条件の割りあてに、人間の意志や意図をはたらかせない。

◆局所管理

実験条件を可能な限り安定化する。もし、実験条件が変化する懸念があるならば、その変化による影響を推定し分離して、比較できるような実験計画上の工夫をする。

それでは、3つの原則それぞれの目的と効果について説明します。

《反復について》

同じ実験環境、実験条件であることがしっかりと管理され、その事実が確認できた状態で、くり返し反復してデータを採集すると、得られた複数のデータ間の異なりは正規分布にしたがう偶然誤差の影響である、と考えることができます。評価対象について実験に取りあげたある因子について、水準ごとに複数回のデータを取ってそのばらつき方を分析すれば、評価対象がふるまいに影響を及ぼす偶然誤差の分布の広がり方を推定できます。また、複数のデータを取ることで、計測値の読みとりミスなどを発見できるようになります。

ただし、同じ実験環境、実験条件で複数回実験することを“**くり返し**”といい、ある因子の1つの水準について、ほかの因子がもつすべての水準と組みあわせて実験することを“反復”と区別して表記している場合もあります。分散分析を行うことを目的として複数の水準を評価する場合、すべての因子とその水準の反復回数が公平、公正になるようにします。

後でくわしく解説しますが、**2元配置**や**多元配置**の実験の目的が分散分析により水準効果の必然性を確認することであれば、同じ実験環境、実験条件で複数回くり返してデータを採集する必要があります。あわせて、ある因子の1つの水準をほかの因子すべての水準と、公平、公正に組みあわせて実験してデータを採集する必要もあります。

《無作為化について》

統計学では**無限母集団**から**サンプル**を取りだしてその特性を計測し、統計的な解析を行うことで母集団の特徴を想像します。サンプルを取りだすときには、人間の意志や意図がはたらかないようにサンプルを無作為に取りだします。これを**無作為抽出**とか**ランダムサンプリング**といいます。統計解析を行う目的でサンプルを取りだすときには、必ず守らなければいけない原則です。

統計学をもとにした**品質管理**では**サンプリング**のスタイルとしていくつかの

方法があります。これらについては母集団や無限母集団ということばの意味も合わせて２・２節で紹介します。

無作為化の目的は、実験結果を支配する可能性がある時間的、空間的な要素や要因の配置、および、組みあわせを偶然化することで、人間の意志や意図、あるいは、実験結果に影響を及ぼすかもしれない周期的に発生している、なんらかの事象との共振による結果への悪影響を排除できます。

しかし、無作為化が絶対条件だからこれを厳守して実験を計画しなければいけないか、というと、そうばかりともいえない、と筆者は思います。たとえば、機械の試作品を評価する場合、因子として取りあげている機械内部の部品の水準を変更するためには、機械を完全に分解しなければいけない状況だったとします。このようなとき、無作為に実験の順番を決めてしまうと、因子水準の組みあわせを変えるたびに、機械を分解することになってしまうかもしれません。その結果、組みたて方のばらつきや部品の変質、あるいは、組立、調整に要する時間によって起きてしまうかもしれない環境の変化による結果への影響のほうが、大きくなってしまうかもしれません。

このような懸念があるときには、実験の順序・順番は、無作為化するよりも、組立→分解→再組立の回数がなるべく少なくなるように決めてもよいでしょう。分解や再組立にかかる時間やコストを考慮したうえで実験を計画することも大切です。

以上の２つの原則を遵守して実験することで、無作為に実施されて反復による複数の実験結果を得ることができた結果、人間の意志や意図とは無関係に潜在しているかもしれない、なんらかの周期的な変動要因の影響も受けていない状況のもとでの偶然誤差の性質が推定できます。

また、できるだけ同じ条件のもとで、すべての水準について実験を反復して行えば、解析結果として得られる偶然誤差の情報の品質が向上します。

《局所管理について》

因子として取りあげた要因はもちろんのこと、因子として取りあげていない要因も可能なかぎり条件が変動しないように、最大限の努力をします。たとえば、機械を評価する場合、因子の水準を変更するために複数のねじを締めるのであれば、個々のねじを締めつけるトルクや締める順番、そして、使用するドライバーすらも実験ごとに変えてはいけません。当然、温度や湿度など実験をする環境もできるかぎり安定化させます。

これは、因子として取りあげていない要因が、実験結果に及ぼすばらつきをなるべく排除するためです。もし、このようなばらつきが混入してしまうと、このばらつきは偶然誤差に組みこまれてしまいます。これがわざわいして分散分析の結果として分離された偶然誤差が、大きく見積もられてしまいます。その結果、因子の水準間での効果の差が偶然誤差の範疇と判断される機会が増えてしまい、せっかく分散分析を行っても正しい情報を入手できなくなる懸念が生じます。

そして、温度や湿度を精密に管理できない環境で実験を行わなければならないときには、できるだけ同じ環境のもとで、因子として取りあげた水準すべてが、公平に組みこまれた実験を行えるように実験する順序、順番の計画を立案することも必要になってきます。

実験に取りあげなかった要因や環境と、実験に取りあげた因子とのあいだに交互作用があるかもしれないことをしっかりと認識してください。

《フィッシャーの３原則の効果》

反復、無作為化、局所管理が実験にどのような効果をもたらすのか、を図**1・6**にしめします。無作為化と反復により、実験結果のばらつきから偶然誤差を分離でき、これにより統計的な評価が可能になります。

また、局所管理と反復により、予期しない要因の影響や効果が実験結果に混入しにくくなるため、実験から得られる情報の信頼性が高まります。

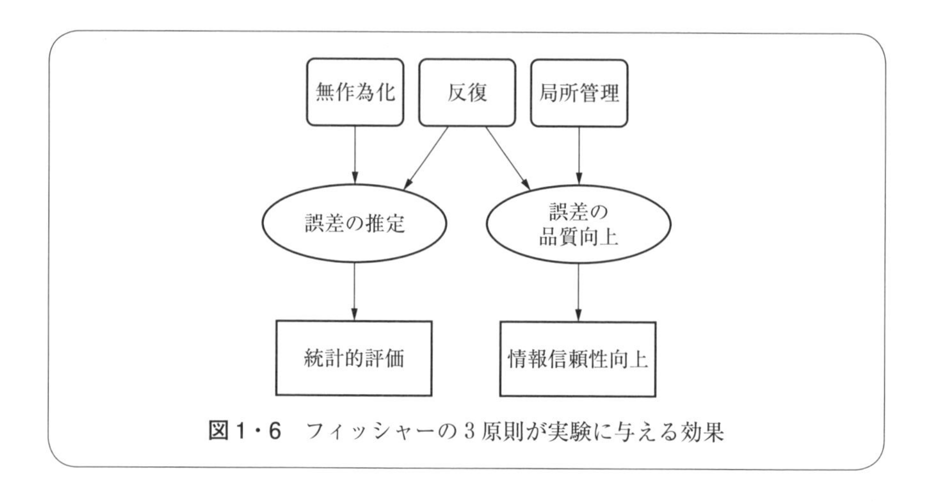

図1・6　フィッシャーの3原則が実験に与える効果

1・7　分散分析を目的として因子を組みあわせて実験する理由とその効果

《分散分析とフィッシャーの3原則を整理する》

少し混乱を招いているかもしれませんので、ここで一度、今までのはなしを整理しておきます。

1. 仮説検証実験だけではうまく行かないこともある。応答観察を目的とした実験を使うことを考えることも必要。とくに、交互作用は人知のおよばない因果律に支配されている可能性があるので、交互作用があるかもしれない未知のしくみを解明するには、仮説検証実験では解決できないことが多い。
2. モノゴトのふるまいに関与し、結果を支配している要因は複数ある。
3. 多くの場合、交互作用により要因の影響や効果には加法性が成立しにくい。そのため、1元配置の実験はよい実験方法とはいえない。
4. 複数の要因がふるまいに及ぼす影響や効果についての加法性の成立を前提として、分散分析という評価手法がある。
5. 分散分析の目的は2つある。それぞれの因子の水準効果を調査することと、水準ごとの水準効果の違いが水準の違いによる必然的なものか、それとも偶然誤差の範疇か、を判断することである。

6. 上記5項の水準効果の調査には、3項の問題があるので、4項を前提としている“分散分析”は使えないのではないか、との疑念が生じる。(←心配無用です)
7. 上記5項に記した水準効果の違いが偶然誤差の範疇か、を調べるためには、実験結果から信頼できる偶然誤差の情報を分離する必要がある。
8. そのために、フィッシャーの3原則を遵守して実験計画を立案して実施し、予期しない要因の影響による誤差の混入を防ぎ、品質が高い偶然誤差を抽出するために、最大限の努力をする必要がある。
9. 分散分析を行うには、すべての因子、すべての水準を総あたりで組みあわせた完備型実験を行う必要がある。
10. 完備型ではなくても、直交表にのっとった実験であれば分散分析ができ、実験回数を大幅に減らすことができるので、実験の能率が高くなり、コストと時間を節約できる。ただし、得られる情報の量、および、品質や解析結果の信頼性は低下する。

以上1〜10項が1・2〜1・6節で述べてきたことの要約になります。

《1元配置実験がだめな理由》

それでは、なぜ、複数の因子を取りあげて同時に実験に組みこみ、得られた結果を分散分析する、という目的で実験を計画し実施するとよいのか、について、その理由を説明します。

たとえば、A、B、C、D 4つの因子にそれぞれ3つの水準がある場合、総あたりの組みあわせは81通りになります。同じ条件で因子Aから順番に1元配置実験を計画します。ほかの因子B、C、Dの水準は、たとえば第2水準で固定します。すると、行う実験の組みあわせは、

(A1, B2, C2, D2)、(A2, B2, C2, D2)、(A3, B2, C2, D2)

の3つになります。つぎに、因子Bについて同様の実験を行うのですが、今度も同様に他の因子は第2水準で固定します。すると、

(A2, B1, C2, D2)、(A2, B2, C2, D2)、(A2, B3, C2, D2)
となりますが、(A2, B2, C2, D2) は因子Aの水準を変えて実験したときの2番目の組みあわせと重複します。同様に因子CやDを固定すると、
(A2, B2, C1, D2)、(A2, B2, C2, D2)、(A2, B2, C3, D2)
(A2, B2, C2, D1)、(A2, B2, C2, D2)、(A2, B2, C2, D3)
が加わり、重複を取りのぞくと、
(A1, B2, C2, D2)、(A2, B2, C2, D2)、(A3, B2, C2, D2)、
(A2, B1, C2, D2)、(A2, B3, C2, D2)、(A2, B2, C1, D2)、
(A2, B2, C3, D2)、(A2, B2, C2, D1)、(A2, B2, C2, D3)
の9通りになります。

この実験組みあわせでは、A1は1回、A2は7回、A3は1回となりフィッシャーの3原則の反復における公平・公正性を欠いてしまいます。ほかの因子についても第2水準の実験回数とほかの水準の実験回数で同様の問題が発生します。各因子のそれぞれの水準を反復するには、結局完備型と同じ81通りの実験をするはめになります。

また、このように1元配置の実験の積みかさねでは、実験の初期に因子Aの水準がパラメータになり、実験の最後のほうは因子Dの水準がパラメータになります。そのため、因子の順番に関して、時間的配置の無作為化がなされておらず、フィッシャーの3原則での無作為化の要求を満たしていません。

この実験を行ったところで、得られたデータを分析して抽出できる偶然誤差の品質は期待できなくなるばかりではなく、分散分析を行うことができなくなってしまいます。

モノゴトのふるまいに関与し、結果を支配している要因は必ず複数あるのですから、初めから多数の因子とそれらの水準を取りあげた完備型の実験を行うんだ、と腹をくくったほうが結果的に最短コースで良質、かつ、役に立つ情報を得ることができるはずです。

1・8　実験で得られたデータを分散分析で活用するには

目的としている“なんらかの情報”を得るために、実験を行います。その目的を正確に把握して、所有している計測器の能力の範囲内でフィッシャーの3原則にしたがって実験を計画し、実験を正しく行えば、所有している計測器の能力という制約はありますが、目的とする情報を得るために必要な計測結果が得られます。

この計測結果からどのようにして目的の情報を引きだすのか。ここで必要になるのが、統計学の活用です。当然、分散分析も統計学の手法の1つです。完備型の実験で因子や水準の数、そして、くり返して採集したデータが多いとき、分散分析は膨大な計算をしなければいけません。しかし、現在はコンピュータ(以後、PCと表記)を使うことができます。そして、Microsoft社のExcelを使えば、統計計算の自動化だけでなく、その情報をもとにくだす判断の材料となる情報も出力してくれます。

総あたりの実験の因子と水準、くり返しの組みあわせは、無限にあるため、高価な統計処理ソフトウェアを導入しないと実施できないのではないか、と心配される方もいると思います。しかし自分なりのフォーマットやルールを決めておけば、Excelを使って正しく分散分析を実施することが可能になります。

分散分析をいろいろな技術活動のなかで何回も実施して、経験を積んでくると、自分なりのフォーマットとルールが自然と身につきます。すると、分散分析というめんどうで複雑な処理だと思っていた作業も、情報を確実に顕在化できるので、きっと、楽しくなってくることでしょう。本書では、筆者にとって一番わかりやすく、まちがいが少なくなるフォーマットとルールを紹介します。これを手本として、ご自身がもっと使いやすく、まちがいを起こしにくいフォーマットに作りこんでいただければ、今後実施する実験では、得られた結果に対して分散分析をしないと、もの足りなくなることでしょう。

それでは、分散分析の進め方の解説を始めます。といいたいところですが、やはり、統計学の基礎の知識がしっかりと身についていないと、分散分析はできません。そこで、統計学の基礎から復習しましょう。

《この章の最後に》

さて、図1・1にしめしたブラックボックスでＢのダイアルを3にして、Ａを1にあわせたところ表示は“9”になりました。皆さんの予測はあっていましたか？

そして、Ａを2にすると“10”、Ａを3にすると“11”と表示されました。ブラックボックスのなかみはどのようになっているのでしょうか。

第2章

統計学の基礎知識

2・1　無償ソフトウェアのダウンロードについて

この章では分散分析に必要となる統計学の基礎知識について説明をします。本書は、Microsoft 社の表計算ソフトウェア Excel を活用することで、できるだけ短期間で分散分析と実験計画法を実践できるようになることを、目的としています。そのため、分散分析や実験計画法を解説する第 5 章以降では、教材として提供するいろいろな Excel ファイルを使っていただきます。教材はインターネットを経由して、日刊工業新聞社のサイトから無償でダウンロードしていただきます。

ダウンロード、および、ファイルを利用するには、以下の使用条件に同意していただくことを条件とします。

使用条件

1. 教材として提供する【教材フォルダ.zip】に収録されている Excel ファイルは、本書で説明・解説している内容の修得を支援する目的として制作した教材です。自己責任において使用してください。
2. 教材ファイルを使用した結果、パソコンの故障、金銭的な損失など、いかなる損害をこうむったとしても、出版社、販売店、著者など関連する団体、個人に対して、一切の責任を問わないこと。および、賠償を求めないこと。

3. 教材ファイルを再配布、再頒布しないこと。
4. 教材ファイルは本書を購入した読者のみが使用することができるものとします。公開・非公開を問わず、不特定多数の人が利用可能なPC、および、サーバーなどに保存しないでください。

【教材フォルダ.zip】は、約25.5 MB（圧縮されたフォルダは約6 MB）です。

http://pub.nikkan.co.jp/html/bunsan_keikaku

から入手できます。

ご自身が所有されているPCの容量、回線の通信速度を考慮してダウンロードしてください。

2・2　母集団とサンプルの集め方

《母集団について》

自然界のいろいろな事象やモノゴトの性質、特徴をあらわすことを目的として数量化されたデータが2つ以上あれば、それは統計学による解析・評価の対象となります。

私たちが統計学を使う目的は、調査や研究の対象についてその真の姿を想像することです。調査や研究の対象を構成している個々の集まりを**母集団**といいます。母集団から複数のサンプルを取りだして、その特徴をあらわす物理・化学特性や社会的、経済的指標などを計測してデータを採集します。そして、得られた複数のデータに対して統計学を使って人間が認識しやすいように、なるべく簡単な数値情報に集約します。この集約された数値情報が**基本統計量**です。

ある都市の住人全員を対象とした調査のように、対象が有限の場合、**有限母集団**といいます。また、連続して生産されていて、今後も生産が継続されるような製品など、対象の全体がその時点で把握できないような集団を、**無限母集団**といいます。分散分析はほとんどの場合、無限母集団を対象とします。無限母集団の全体像は、『神のみぞ知る』もので、人智が及ぶところではありません。

くり返しになりますが、神のみぞ知る母集団の真の姿を想像するために、統計学を使うのです。

《サンプルを採集する》

第1章のフィッシャーの3原則でも説明しましたが、サンプルを取りだすときには人間の意志や意図がはたらかないように、母集団から無作為に取りださなければいけません。これを、**無作為抽出**、**ランダムサンプリング**といいます。

また、取りだしたサンプル群を計測して得たデータのなかに異質な存在があったとしても、もととなる母集団のとりちがいや計測方法にあやまりがないのならば、そのデータを取りのぞいてはいけません。いかに異質な値であったとしても、その値をしめすサンプルは母集団を構成していた一員なのです。これを取りのぞいてしまうと無作為抽出ではなくなり、統計解析の結果として想像される母集団の真の姿が、現実とは違うものになってしまいます。

サンプリングの方法については、以下に紹介するようにいくつかの方法があります。

1. 単純サンプリング

母集団全体のなかからくじびきなど、まったく人間の意志や意図がはたらかない手段を使ってサンプルを取りだします。もっとも基本的な無作為抽出方法です。

2. 2段サンプリング

一定の数量の部品が詰められている多数の箱があるとき、その部品の抜取検査を行うことを考えます。まず、多数の箱のなかから、単純サンプリングによりいくつかの箱を抽出します。そして、その箱のなかにある多数の部品のなかから再び単純サンプリングして、部品を取りだして検査します。箱の抽出、つづいて抽出した箱のなかからの部品の抽出という2段階の無作為抽出を行います。

3. 集落サンプリング

2段サンプリングでは第1段で多数の箱の中からいくつかの箱を抽出します。集落サンプリングは、抽出した箱のなかみ全体をサンプルとします。

また、深さの方向で濃度が異なる可能性がある溶液の濃度を調べるときには、溶液に対して縦にガラス管を差しこみ、すべての深さの溶液が採集できるようにサンプリングすることも、一種の集落サンプリングです。

4. 層別サンプリング

層別とは、たとえば、人を対象とした調査で、年齢や性別、居住地などの情報で調査対象を区分することです。同じ製品を複数の製造ラインで生産している場合、製品全体を母集団としてあつかうのではなく、製品をラインごとにわけ、それぞれのラインが生産した製品のなかから単純サンプリングします。この方法は実験計画法で立案した実験で**表示因子**という概念で使うことがあります。

5. 系統サンプリング

連続的に生産される製品を、一定の時間間隔ごとに１個から数個連続してサンプルを取りだします。製造ラインの工程管理で使うサンプリング方法です。

どのサンプルリング方法を採用するかについては、実験の目的をしっかりと認識した上で、信頼性と経済性の面から十分検討して決めます。なお、これらの考えは**品質管理**における実験だけでなく、最終的に統計解析を目的としているその他の実験でも使うことができます。

2・3　基本統計量

《なぜ、統計解析をするのか》

基本統計量とは、調査や研究の対象としている母集団の真の姿を想像するために、母集団から取りだしたサンプル群の特性を計測して、得られたデータをもとに統計学による処理を行った結果であり、母集団の真の姿を想像するための手助けとなる数値情報です。

まず、重要なことを先に述べておきます。もし、母集団を構成するメンバー全体の特性をすべて完全に認識できるのであれば、それが母集団に関する最大の情報になります。しかし、現実的にこれは不可能です。そこで、複数のサンプルを取りだしてその特性を計測し、複数のデータを得ることにとどめます。このデータ群のすべての特性を認識することができれば、サンプル群に関する最大の情報量を得ることができます。

たとえば、ある母集団から3個のサンプルを取りだしてその特性をある計測器を使って計測したところ、(3, 4, 5) というデータが得られました。このように取りだしたサンプル数が少なくて、そのデータが自然数で表現されているならば、サンプル群の特性についてなんとなく認識できるかもしれません。しかし、データ数が少ないとこれから母集団の真の姿を想像することは不可能です。さらに取りだすサンプルを増やして計測したところ、

(6, 4, 4, 5, 3, 4, 3, 3, 5, 4, 4, 5, 2, 3)

というデータが得られたとします。このようにデータが自然数で表現されている場合であっても、データの量が多くなると、サンプル群の特性を認識することはむずかしくなります。

それでは、最初に取りだした3個のサンプルをもっと精度が高い計測器を使って計測しなおした結果、(3.13, 3.92, 5.04) というデータが得られたとします。同じ3つのデータであっても、それが小数点以下の桁をともなうものになると、自然数の場合よりも認識することはむずかしくなります。

このように、人間にとって多数のデータや、自然数ではないデータからなる集団の特徴を認識することはとても困難です。そこで、データ群を処理していくつかの数値情報に集約し、認知性を高めることでサンプル群の特性の本質を表現しようとしたものが基本統計量です。したがって、基本統計量はサンプル群が持つその本質に関する情報の大半を喪失しています。情報の大幅な減少と引きかえに、人間にとっての認知性を高めている、ということをしっかりと覚えておいてください。

《“平均” サンプル群の中心付近の推定値》

日本では小学校のときから平均の計算方法をみっちりと仕込まれます。そのため、複数のデータがあるとき、平均を計算すればそのデータ群の本質を認識できる、と思っている人も多くいます。しかし、平均はデータ群がもっている重要な情報がほとんど欠落した、しぼりかすのなかのわずかなカケラ程度の情報です。平均とは取りだしたサンプル群の中心付近の存在に関する特性値の推

定値です。また、サンプルを取りだした母集団の中心付近の存在に関する特性値の推定値でもあります。平均とは母集団という空間のなかの点にすぎない存在です。

したがって、平均を計算して得た平均値だけでは、その数字はサンプルとして取りだしたデータ群の本質を知ることはできません。ましてや、本来の目的である『神のみぞ知る母集団の真の姿』を想像することはできません。それでは、平均について復習します。

採集したデータの群れの中央あたりに存在しているであろう、と思われるデータの推定値が平均です。平均というと小学校で習う**算術平均**が一般的です。**相加平均**ともいわれます。その他、相乗平均（幾何平均）と調和平均という平均も存在します。分散分析で使うのは算術平均です。

算術平均は複数のデータすべての合計をデータ数で割った結果です。

n 個のデータがあって、そのなかの i 番目のデータを x_i とします。x_i は変数というあつかいです。ここで、平均を $\bar{x}$ とすると、

$$\bar{x}=\frac{1}{n}(x_1+x_2+x_3+\cdots+x_n) \qquad \cdots\cdots\cdots(2.1)$$

になります。

もう少し数学的に記述すると、

$$\bar{x}=\frac{1}{n}\sum_{i=1}^{n}x_i \qquad \cdots\cdots\cdots(2.2)$$

となります。記号の Σ は以後の中身を全部たしあわせなさい、という意味であり、$\sum_{i=1}^{n}$ は 1 番目から n 番目までを足し算の対象にするという意味になります。

ここで、今後よく使う Σ に関する性質をあげておきます。

変数：x_i　定数：a のとき、

$$\sum_{i=1}^{n}a=na \qquad \cdots\cdots\cdots(2.3)$$

$$\sum_{i=1}^{n}ax_i=a\sum_{i=1}^{n}x_i \qquad \cdots\cdots\cdots(2.4)$$

になります。式(2.4)は加法・乗法の分配法則が成りたつことをもとにしています。また、式(2.3)は式(2.4)で x_1～x_n がすべて 1 の場合に該当します。

$$\sum_{i=1}^{n} ax_i = a\sum_{i=1}^{n} x_i = a\sum_{i=1}^{n} 1 = an$$

$\sum_{i=1}^{n} 1$ の意味は“1”を n 回たすことです。つまり、n です。

この関係は今後の解説の中で頻繁に使いますから、よく覚えておいてください。

母集団から取りだしたサンプル群の、中央付近の存在がもつ特性値を推定するために、母集団から複数のサンプルを取りだして特性値を計測し、その平均：$\bar{x}$ を計算します。取りだすサンプルが多くなるほど、その平均は母集団の平均：μ に近づくという統計学上の性質があります。これを**大数の弱法則**といいます。

くり返しになりますが、母集団からサンプルを取りだすときには、取りだすときに人間の意志や意識がはたらかないように、無作為抽出を行うことが大切です。

以上が算術平均の計算方法になります。

《データのばらつきを調べるには》

母集団から取りだした複数のサンプルについて、その特性値を計測して得られたデータのすべてを使い平均を計算しました。サンプルを計測して得た個々のデータの値に違いがあるので、サンプル群内の中央付近の存在がもつ特性値を推定するために平均を計算するわけです。調査や研究の対象である母集団から取りだしたサンプル群内のデータには、ばらつきという本質的な問題があります。このばらつきを定量的にあらわすために使われる、いくつかの指標について説明していきます。

A、B という異なる母集団からそれぞれ 5 個ずつサンプルを取りだして、その特性値を計測した結果が、

母集団 A から取りだしたサンプル群データ D_A：(3、4、5、6、7)

母集団Ｂから取りだしたサンプル群データ D_B：(1，3，5，7，9)
だったとします。ともにデータ数は $n=5$ になります。

まず、両者の平均を計算すると $\bar{x}_A=\bar{x}_B=5$ になります。しかし、平均が同じ値であってもサンプル群内のばらつきは母集団Ｂから取りだしたサンプル群のほうがあきらかに大きくなっています。その結果、母集団Ａよりも母集団Ｂのほうがばらつきは大きいのではないか、と想像することができます。

サンプル群内のデータがとる領域を“**範囲**”とか“**レンジ**”といって R という記号で表記します。これはサンプル群内のばらつきをもっとも簡単に表現する指標であり、品質管理の分野ではいまだに広く使われています。レンジの計算は非常に単純であり、群内データの最大値と最小値の差になります。つまり、$R=$(群内の最大値－群内の最小値)で計算します。D_A のレンジは $R_A=7-3=4$、D_B のレンジは $R_B=9-1=8$ になります。しかし、このように単純な計算で求めるレンジでは、母集団のばらつきを推定することはおろか、サンプル群内のばらつきもうまく表現できていない懸念があります。

あらたに別の母集団Ｃから５個のサンプルを取りだしてその特性値を計測したところ、D_C：(1，4，5，6，9) という結果になりました。ここで平均：$\bar{x}_C$ とレンジ：R_C を計算すると $\bar{x}_C=5$　$R_C=8$ になって、D_B の場合と同じ結果

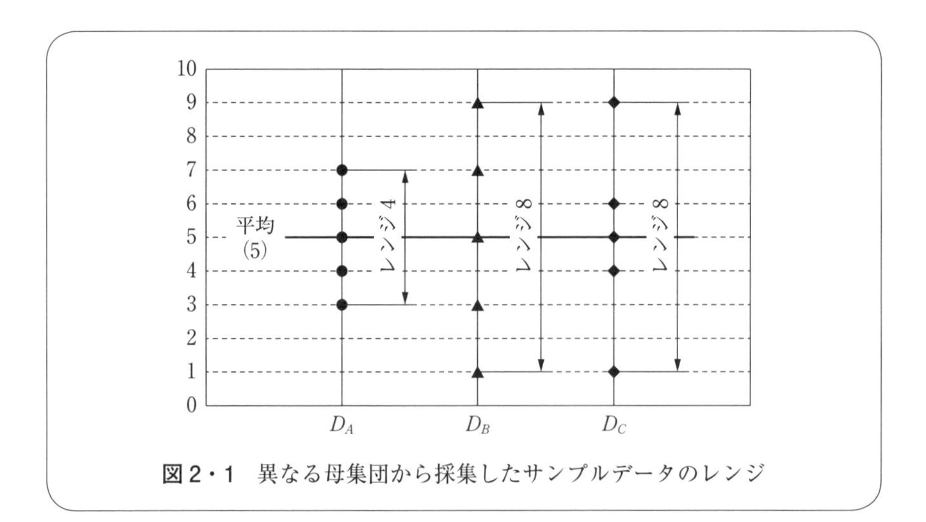

図２・１　異なる母集団から採集したサンプルデータのレンジ

になります。しかし、**図2・1**にしめしたように、サンプル群内のデータをよくながめると、大小両端のデータはともかく平均に近い3つのデータはD_Cのほうがまとまっています。ということは母集団Cのほうが母集団Bよりもばらつきが小さいかもしれないと考えられます。

もし、この後2つの母集団からさらにサンプルを取りだしてその特性値の計測を続けると、サンプル群D_Cのばらつきが小さくなる可能性が高くなります。

したがって、このようなデータ群同士のばらつきの比較をする場合、レンジという指標では不十分ということになります。では、どのような指標を使えばD_BとD_Cのばらつきの違いを定量的に評価できるのでしょうか。

《偏差平方和―データ群がもつばらつきの総量》

それぞれのデータ群の平均と個々のデータの差に注目して、その差の合計が小さければばらつきが小さい、と考えれば、どちらのほうがばらつきが小さいだろうか、という判断ができるかもしれません。なお、あるデータと平均の差を“**偏差**”といいます。そこで、個々のデータとデータ群の平均の差である偏差を計算して合計します。これを数学的に記述すると、

$$\sum_{i=1}^{n}(x_i-\bar{x}) \qquad \cdots\cdots\cdots(2.5)$$

になります。それでは、D_Bについて式(2.5)を具体的に計算してみます。

$$\sum_{i=1}^{n}(x_i-\bar{x})=(1-5)+(3-5)+(5-5)+(7-5)+(9-5)$$

$$=-4+(-2)+0+2+4=0$$

と偏差の総和はゼロになってしまいました。当然、D_Cについても同様な結果となります。したがって、偏差の総和をばらつきの指標として使うことができません。

これは当然な結果です。平均はデータ全体がバランスする中心ですから、もともと平均よりも大きい値の偏差の合計は正の値、平均よりも小さい値の偏差の合計は負の値になり、合計した正負両者の絶対値は同じ値になるからです。しかし、この当然ともいえる、

$$\sum_{i=1}^{n}(x_i-\bar{x})=0 \qquad \cdots\cdots\cdots(2.6)$$

という式は非常に大切な式で、統計学のいろいろな数理展開を行うときに、この関係を使って項を整理していく工程がたびたび登場します。ぜひ、覚えておいてください。

では、平均を使ってどのようにばらつきを表現しようか、と考えると２つのアイディアが浮かぶはずです。１つは偏差の絶対値を合計するという方法です。数式であらわすと、$\sum_{i=1}^{n}(|x_i-\bar{x}|)$ です。D_B について計算してみます。

$$\sum_{i=1}^{n}(|x_i-\bar{x}|)=|1-5|+|3-5|+|5-5|+|7-5|+|9-5|$$
$$=4+2+0+2+4=12$$

になります。D_C について計算するとその結果は 10 になって、D_C のほうが小さい結果になり、ばらつきの指標としてこの考え方は有効だといえます。

偏差を使って、すべての偏差の情報を正の値にするためのもう１つのアイディアは、偏差を２乗する、という方法です。２乗することで負の値も正の値になるからです。そして、その合計を計算します。数式であらわすと、$\sum_{i=1}^{n}(x_i-\bar{x})^2$ です。D_B について計算してみます。

$$\sum_{i=1}^{n}(x_i-\bar{x})^2=(1-5)^2+(3-5)^2+(5-5)^2+(7-5)^2+(9-5)^2$$
$$=(-4)^2+(-2)^2+(0)^2+(2)^2+(4)^2=40$$

になります。D_C についても同様に計算すると 34 になって D_C のほうが小さい結果になり、こちらもばらつきの指標として使うことができそうです。

統計学では、群内のばらつきの総量をあらわす指標として採用されたのは、後者です。今まで統計学を勉強してこられた方のなかには、ここまでに紹介したように、偏差を２乗することですべて正の値としてあつかうことができるようになるので、群内のばらつきの総量として偏差の２乗の合計を使うことができる。という説明をみたことがあるでしょう。しかし、偏差の絶対値の総和を使ったほうがわかりやすくて簡単なのに、と違和感を覚えた方も多いことと思います。

《偏差平方和の原理》

実は偏差を2乗してその総和を群内のばらつきの総量をあらわす指標にする理由は、すべての情報を正の値に変換することだけではなく、それよりも重要、かつ、明確な2つの理由があります。理由の1つはこの後すぐに紹介します。もう1つの理由については後ほど紹介します。

さて、偏差を2乗してその総和を群内のばらつきの総量とするとき、その総量を**偏差平方和**といって S（ラージエス）と表記します。データ群内のすべてのデータについて、その偏差を平方（2乗）した結果の総和ですから偏差平方和といいます。これを数式で記述すると、

$$S=\sum_{i=1}^{n}(x_i-\bar{x})^2 \qquad \cdots\cdots\cdots(2.7)$$

になります。

ここで1つ問題が生じます。データ群内の平均：$\bar{x}$ は、データの総和をデータ数で割るという計算工程があります。割り算ですから常に割りきれるとはかぎりません。**循環小数**になってしまうこともあります。そして、その結果をもとにして偏差を計算することを考えます。このとき、まず、循環小数になってしまった平均を小数点以下何桁かで“まるめ”ます。この時点で平均の真値とのずれが発生しています。**まるめ誤差**です。そして、このまるめた平均を各データから引いて偏差を計算します。ここでも誤差が発生します。さらにそれを2乗するわけですから誤差が増幅されます。その結果、偏差平方和の計算結果は、誤差が拡大して、数値情報としての精度が低下してしまいます。

また、平均が循環小数では手計算をすることを考えると、その値のあつかいや計算自体とてもやっかいなものになってしまいます。現在はPCを使うから、といっても、PCも小数点以下の概念の計算が苦手で、ここでも誤差が発生し、さらに計算結果の精度が低下します。

しかし、式(2.7)を変形することでこの問題が解決できます。それでは式

(2.7)を変形していきます。

$$
\begin{aligned}
S &= \sum_{i=1}^{n}(x_i-\bar{x})^2 \\
&= \sum_{i=1}^{n}\left(x_i^2-2\bar{x}x_i+\bar{x}^2\right) \\
&= \sum_{i=1}^{n}x_i^2-2\sum_{i=1}^{n}x_i\bar{x}+\sum_{i=1}^{n}\bar{x}^2
\end{aligned}
$$

さて、ここで $\bar{x}$ は平均という固定された１つの値、つまり、定数ですから式(2.3)と式(2.4)を使って、

$$S=\sum_{i=1}^{n}x_i^2-2\bar{x}\sum_{i=1}^{n}x_i+n\bar{x}^2$$

のように変形できます。

さらに、第２項に注目してください。$\sum_{i=1}^{n}x_i$ はデータの合計です。データの合計をデータ数：n で割った値が平均：$\bar{x}$ ですから、$\sum_{i=1}^{n}x_i=n\bar{x}$ になります。式を書きかえると、

$$S=\sum_{i=1}^{n}x_i^2-2n\bar{x}^2+n\bar{x}^2=\sum_{i=1}^{n}x_i^2-n\bar{x}^2 \qquad \cdots\cdots\cdots(2.8)$$

という式が導かれました。また、

$$\bar{x}^2=\left(\sum_{i=1}^{n}x_i/n\right)^2$$

ですから、

$$S=\sum_{i=1}^{n}x_i^2-\frac{1}{n}\left(\sum_{i=1}^{n}x_i\right)^2 \qquad \cdots\cdots\cdots(2.9)$$

という式も導かれます。

統計数理を展開していく場合はよく式(2.8)が使われます。また、Excel などで計算をする場合には式(2.9)を使ったほうが演算結果の精度が確保できます。平均：$\bar{x}$ を使うと前述の循環小数という問題が発生するため式(2.8)よりも式(2.9)のほうが実用計算の面では有効です。なお、式(2.8)や式(2.9)の第２項を、

統計学では**補正項**：CF とか**修正項**：CT といいます。

《なぜ統計学では2乗の世界でモノゴトを観察するのか》

それでは、式(2.8)の右辺と左辺を入れかえて変形してみます。

$$S=\sum_{i=1}^{n} x_i^2-n\bar{x}$$

$$\sum_{i=1}^{n} x_i^2=n\bar{x}^2+S \qquad \cdots\cdots\cdots(2.10)$$

ここで、右辺の第1項は平均を2乗した値をデータ数倍しています。みかたを変えると、平均を2乗した情報がデータの個数分ある、つまり、データ群内における平均の2乗という情報についてのデータ個数分の総量になります。

一方、右辺の第2項の S は偏差平方和そのものです。こちらは、データ群内の偏差を2乗した値の総量、つまり、群内のばらつきの2乗に関する情報の総量になります。

そして、左辺は、データの2乗の総和です。以上よりつぎのような関係になっています。

データの2乗の総和＝平均の2乗に関する情報の総量
＋ばらつきの2乗に関する情報の総量

データを2乗した情報で統計的な概念を展開すると、そのデータ群の平均の2乗の情報とばらつきの2乗の情報に分解できるということです。この統計学的な特徴を『**2乗和の分解**』ということもあります。

ここで、x_i と平均：$\bar{x}$ の偏差を ε_i として式(2.10)を使うと、偏差自体についての偏差平方和：S_ε との関係は、

$$\sum_{i=1}^{n} \varepsilon_i^2=S_\varepsilon+n\bar{\varepsilon}^2$$

になります。そして、$\bar{\varepsilon}^2=0$ ですから、

$$\sum_{i=1}^{n} \varepsilon_i^2=S_\varepsilon \qquad \cdots\cdots\cdots(2.11)$$

となって、偏差の2乗の総和はばらつきだけをあらわしていることが確認でき

ます。

なお、本書では今後、データ自体やデータ群などいろいろな情報を２乗してあつかうことが頻繁にでてきます。今後、情報を２乗した状態の統計量を**２乗情報**と呼ぶことにします。

偏差平方和は分散分析では主役級の役割を果たします。

《“分散”―データ数が違う偏差平方和を比較するために》

偏差平方和はサンプル群内のばらつきに関する２乗情報の総量です。もし、２つの異なる母集団から取りだしたサンプル群に関する２つの偏差平方和があるとき、それぞれのサンプル数が異なっていると、サンプル数が多いほうの偏差平方和が他方よりも大きくなる可能性があります。そのため、複数の母集団から取りだしたサンプル群に関する偏差平方和の比較では、それぞれのサンプル群内のばらつきを単純に比較することはできません。

ならば偏差平方和をデータ数で割って、偏差の２乗の平均を比較すればよいのでは、という考えがうかびます。つまり、偏差の２乗情報の平均を比較する、という考え方です。この考えが“**分散**”という概念にむすびつきます。しかし、分散を計算するときには、偏差平方和をデータ数で割りません。（データ数－1）で割ります。分散を V とすると、

$$V=S/(n-1) \qquad \cdots\cdots\cdots(2.12)$$

で計算します。なぜ、（データ数－1）で割るのか、という理由を、現時点で説明することはできません。これを説明するためには、統計学上の根幹となる事実としてすえられる『**中心極限定理**』を理解、あるいは、納得している必要があるからです。『中心極限定理』については、シミュレータによる実験を含めて、2・6 節で解説します。それまでお待ちください。

式(2.12)で計算した分散を母集団の分散ではなく、母集団から取りだしたサンプル群に関する分散であることを明確にするために“**不偏分散**”ということもあります。**不偏**とは“**かたより**”がない、という意味です。なぜ、このように呼ぶのか、については、（データ数－1）で割る理由といっしょに解説します。

《自由度という概念》

さて、(データ数−1) という概念ですが、統計学では“**自由度**”といいます。**図2・2**にしめしているのは、4つのデータ（6、3、2、5）とその平均“4”の関係です。今、4つのデータをもとに平均“4”が計算されます。もし、4つのデータの平均が4という情報がわかっている場合、4つのデータのうち3つのデータの値が確定すると、自動的に残りの1つの値も確定します。図2・2でサンプル1が“6”、サンプル2が“3”、サンプル3が“2”であり、平均が“4”という情報が既知になった瞬間に、サンプル4の値は“5”であることが確定します。つまり、平均という情報が既知のときには、全データのなかで自由にふるまうことができるのは（データ数−1）個になるということです。

平均という情報が使われている統計量では、（データ数−1）個だけが自由に値を変化させることができる、ということから（データ数−1）を自由度と呼んでいます。

これから分散分析のはなしを進めていくうえで、自由度はとても大事な概念になります。現時点では、自由度という概念について、少し不可解に思われるかもしれませんが、分散分析の解説で詳細に説明しますのでご安心ください。

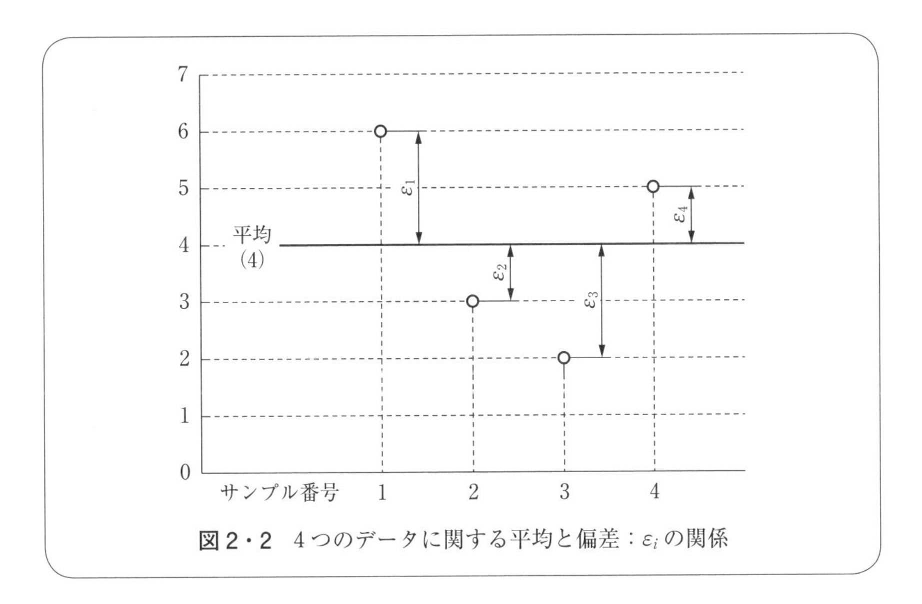

図2・2　4つのデータに関する平均と偏差：ε_i の関係

$$V=\frac{1}{(n-1)}\sum_{i=1}^{n}(x_i-\bar{x})^2=\frac{1}{(n-1)}\left(\sum_{i=1}^{n}x_i^2-n\bar{x}^2\right) \quad \cdots\cdots\cdots(2.13)$$

が分散の計算式です。

《標準偏差―平均と同じ次元でばらつきを評価する指標》

統計学で２乗した情報を使ってモノゴトを評価し、判断する理由について、２つのうちの１つは紹介しました。もう１つの理由はまだ説明していませんが、２乗情報は統計学を使った処理ではとても合理性があります。

しかし、ばらつきの指標である分散は、もとの情報が cm や kg という単位だったとき、cm^2 や kg^2 という情報になります。この状態では人間にとって認知しにくいことと、もとのデータや平均とあわせてモノゴトのばらつきを語るときに、とても不便です。そこで、もとのデータと同じ次元にすることが考えられます。同じ次元にするには、分散の正の平方根をとればよいのです。分散の正の平方根を**標準偏差**といい、こちらのほうが分散よりも一般的に知られています。しかし、統計学の活用において、より合理的なのは分散です。

サンプル群のデータに関する標準偏差は s（スモールエス）と表記します。s の計算式は、

$$s=\sqrt{V}=\sqrt{\frac{S}{n-1}} \quad \cdots\cdots\cdots(2.14)$$

になります。

標準偏差は次節で説明する正規分布や標準正規分布表を使った解析でよく利用されます。品質管理の分野では分散よりも標準偏差でばらつきを評価します。

現時点ではイメージしにくいかもしれませんが、この後に説明する正規分布では、標準偏差が大活躍します。この内容を知ることで標準偏差という指標の理解はきっと深まるはずです。

《データ数―基本統計量の信頼性を担保する》

ここまで、平均、偏差平方和、分散、標準偏差というデータを計算処理で求める基本統計量について説明してきました。

複数のデータを合計した結果をデータ数で割って、平均が計算されます。そして、その平均を使って偏差平方和が計算されます。偏差平方和を自由度（データ数−1）で割って分散が計算されます。これらの計算では常に“データ数”が関係しています。実務上ではあまり意識されませんが、データ数も非常に重要な基本統計量です。

データ数は他の基本統計量の信頼性を担保することになるからです。

たとえば、ある新聞社が発表したある都市のサラリーマン世帯の平均年収が500万円という情報が公開されたとします。このとき、年収を調査した世帯が50世帯だったとします。一方、別の新聞社が2000世帯を対象に同じ都市でサラリーマン世帯の年収を調査したところ、430万円だったとします。あなたは、どちらの情報の信頼性が高いと思いますか。

このように、平均や分散、標準偏差を情報として公開するときには、必ずデータ数もあわせてしめすようにしないと、その情報の信頼性を担保することができなくなってしまいます。データ数はとても大切な基本統計量になります。

《母集団とサンプル群に関する基本統計量の表記について》

ここまで、データ数、平均、偏差平方和、分散、標準偏差という基本統計量の説明をしてきました。母集団からサンプルを取りだしてその特性を計測したデータから、基本統計量を求める目的は、『神のみぞ知る母集団の真の姿』を想像することです。つまり、

サンプル群の平均≒母集団の中央の存在についての特性値

サンプル群の分散≒母集団メンバーの特性値のばらつきの2乗情報

サンプル群の標準偏差≒母集団メンバーの特性値のばらつき

という母集団の真の姿を想像するために必要な情報です。

母集団の中央の存在についての特性値は『神のみぞ知る値』で、これを**母平均**といいます。また、母集団メンバーの特性値のばらつきの2乗情報も『神のみぞ知る値』で**母分散**といいます。同様に『神のみぞ知る』特性値のばらつきを**母標準偏差**という指標で想像します。

ここまで、サンプル群に関する平均や分散などの表記を紹介してきました。

それらの表記と母集団を想像するときの表記を整理します。

	サンプル群に関する表記	母集団に関する表記
平均	$\bar{x}$　または　m	μ
分散	V　または　s^2	σ^2
標準偏差	s	σ

統計学ではサンプル群に関連する基本統計量に関する表記はアルファベットです。一方、母集団に関連する基本統計量の表記はギリシア文字です。基本的にギリシア文字で表記されている指標は、母集団に関するものになります。『神のみぞ知る』情報には、ギリシア神話からギリシア文字を使う、と覚えておくと便利です。

以上で基本統計量の説明を終わります。

2・4　分布と正規分布

《ヒストグラムと分布》

ここまで、母集団やそこから取りだしたサンプル群の特性値についてデータ数、平均、分散（および、偏差平方和や標準偏差）という３つの基本統計量が重要な指標であることを紹介し、その計算方法を学んできました。サンプル群から母集団の真の姿を想像しやすいようにするため、サンプル群から得られた特性値を、集約した数値情報に変換したものが３つの基本統計量です。

数値として表現することは難しいのですが、母集団のメンバーが存在する傾向やそのばらつき具合を想像するために、もう１つ重要な情報があります。それが **“分布”** です。

自然科学の現象や、工業・製造業における生産物など社会的・経済的な活動の結果として観測されるいろいろな特性は、その原因系と結果系がなんらかの因果律によって支配されているので、無秩序で乱雑な集団になることはまれです。

その因果関係をつかむことを補助する情報として、観測されたデータを大きさ順に並べかえ、データ範囲を複数の区間に区切って、そこに存在するデータの数を調査します。ひとつの区間に存在するデータの計数値（個数）を**度数**といい、複数の区間で区間ごとに度数をまとめた結果が**度数分布**であり、これを表にまとめたものが**度数分布表**になります。

さらに、データ領域を区切った区間ごとの幅を横軸にとり、また、その区間の度数を縦軸にし、棒の幅を区間の幅にあわせて描いた棒グラフを**ヒストグラム**といいます。ヒストグラムは品質管理や統計を利用するいろいろな場面で、サンプル群の特性を計測したデータの存在の傾向やそのばらつきかたを視覚にうったえるために使われます。これをもとに、そのサンプル群を取りだした母集団も、同様な傾向でデータが存在し、また、ばらついているのだろう、と想像をめぐらせることができます。

品質管理の場面などで、実際にサンプル群の分布をなるべく正確に認知するためには、ヒストグラムやそのもととなる度数分布、度数分布表を作成する過程においていろいろなノウハウが必要になります。くわしく知りたい方は品質管理のテキストなどを参照してください。多くの自然現象や社会科学的な事象についてヒストグラムを描き、その分布を可視化すると**図2・3**のようにいろ

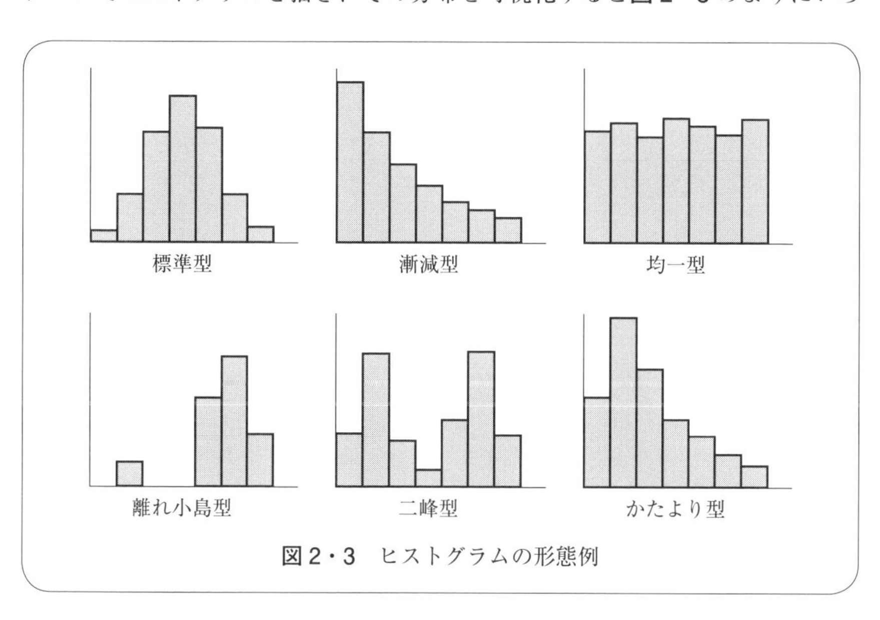

図2・3　ヒストグラムの形態例

いろな形になります。

《正規分布とは》

ヒストグラムはその製作者が、主観的に定めた区間に存在するデータ数を計測した結果です。たとえば“**標準型**”を例にすると、**図２・４**にしめすように連続的に分布している母集団からサンプルを取りだした結果であると考えられます。

このように標準型のヒストグラムから想像される母集団のような、**図２・５**にしめす平均：μ を中心に左右対称の釣りがね型をした連続分布を**正規分布**といいます。自然科学の現象や社会科学のいろいろな事象の傾向、そして、工業製品の特性値のばらつきなどは、多くの場合正規分布にしたがいます。第１章で説明した**偶然誤差**も正規分布にしたがいます。

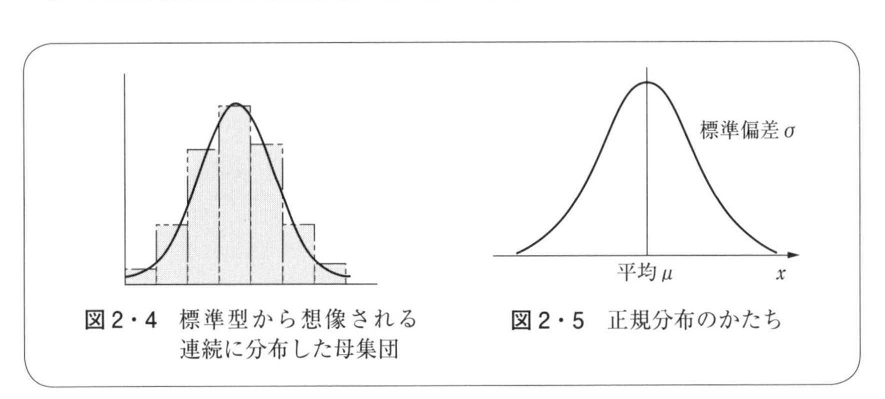

図２・４　標準型から想像される連続に分布した母集団

図２・５　正規分布のかたち

図２・５にしめした正規分布の曲線の縦軸方向は確率密度をあらわしていて、式(2.15)のように数学的な関数であらわすことができます。

$$f(x)=\frac{1}{\sqrt{2\pi}\,\sigma}\,e^{-\frac{(x-\mu)^2}{2\sigma^2}} \quad \cdots\cdots\cdots(2.15)$$

なお、式(2.15)の記号は μ がデータ群の平均で、σ が標準偏差です。

また、e は自然対数の底で π は円周率です。この関数は x が $\pm\infty$ であっても０（ゼロ）にはなりません。

《正規分布の特徴と基準化》

正規分布には便利な特性があります。**図2・6**にしめすように正規分布の中心（平均：μ）に対して $\pm\sigma$ で囲われる範囲の面積は、$-\infty$ から ∞ の範囲での正規分布の面積に対して約 68.3 %になり、$\pm 2\sigma$ で囲われる範囲の面積は約 95.4 %になります。

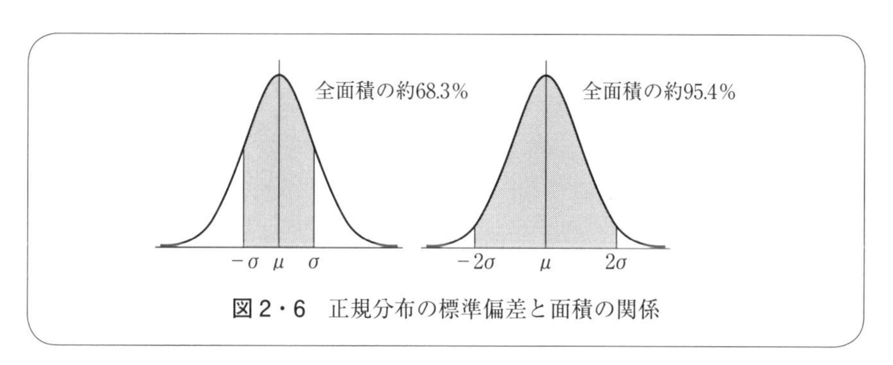

図2・6　正規分布の標準偏差と面積の関係

そして、同様に $\pm 3\sigma$ で囲われる範囲の面積は約 99.7 %になります。

正規分布におけるこの便利な特性をより有効に使うために、**基準化**（あるいは**標準化**）という処理を行います。基準化とは、分布に含まれているあるデータの値から平均を引き、標準偏差で割るという処理です。

平均：μ、標準偏差：σ というデータ群に含まれる i 番目のデータ：x_i を基準化した値：u_i は式(2.16)で計算します。

$$u_i=\frac{x_i-\mu}{\sigma} \qquad \cdots\cdots\cdots(2.16)$$

正規分布にしたがうデータ群全メンバーに対してこの処理を行うと、その結果は平均がゼロ、標準偏差が 1 の正規分布に変換されます。もととなる正規分布がどのような平均と標準偏差であったとしても、基準化することにより**図2・7**のようにすべて同じ標準正規分布に変換されます。

そして、正規分布のグラフの横軸に対応する特性値（x）は、標準偏差（$\sigma=1$）の何倍に相当するか、という倍数をあらわす数値：z（無次元）という標記に変換されます。変換後の平均がゼロ、標準偏差が 1 の正規分布を**標準正規分布**といいます。

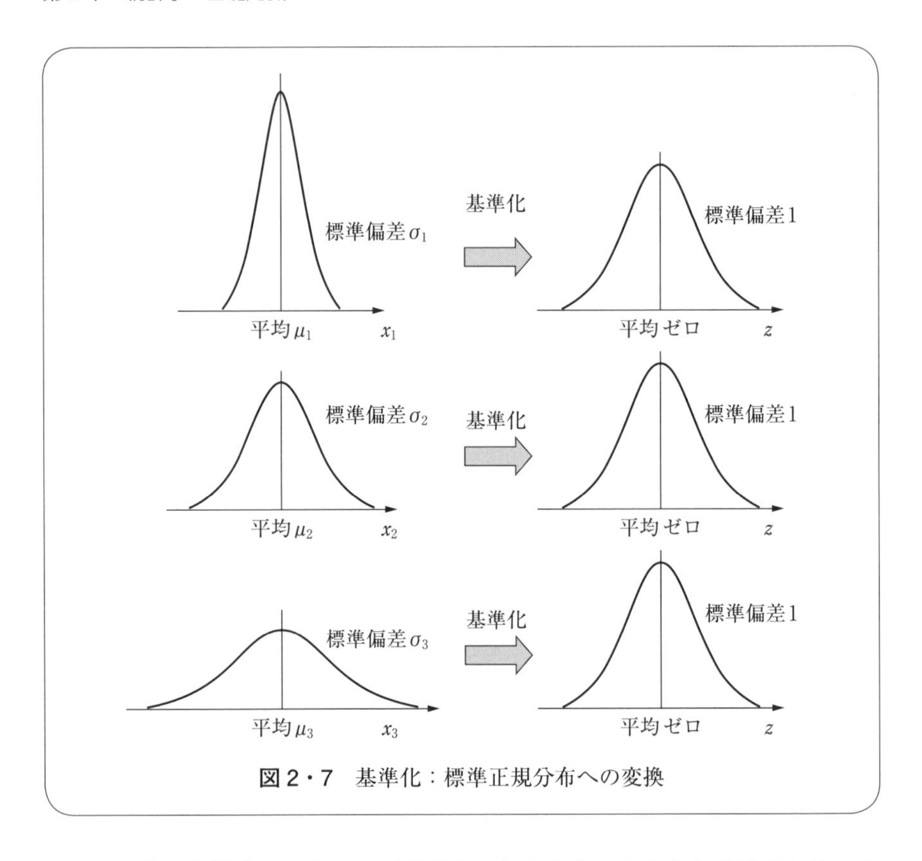

図２・７　基準化：標準正規分布への変換

このように変換することで、正規分布にしたがうであろうと仮定されるいろいろな事象について、標準偏差の倍数：zの値を使って評価や解析をすることが可能となります。標準正規分布にしたがう事象において、zの値ごとにその値により２分されるそれぞれの領域の事象が発生する確率が一義的に決まるからです。

《標準正規分布と標準正規分布表について》

ダウンロードした【教材フォルダ.zip】のフォルダ【第２章】に『標準正規分布表.xls』というファイルが収録されています。このファイルには**標準正規分布表**を掲載しています。標準正規分布表を使うことで、対象とする事象について、そのzの値から右側の領域の事象が生起する確率を調べることが可能になります。

Microsoft 社の表計算ソフトウェア Excel では、z の値を入力するとそこから左側の領域が生起する確率を返す関数が用意されています。標準正規分布表の定義とは逆になりますので注意してください。

Excel の任意のセルに【=NORMSDIST(z の値)】を入力します。なお、【　】は入力不要です。すると、$-\infty$ から z の位置までの領域が生起する確率を返しますので、標準正規分布表と同じ表現にするには、

【=1−NORMSDIST(z の値)】と入力します。

また、標準正規分布の両側の確率を求めるには、

【=2∗(1−NORMSDIST(z の値))】と入力します。

分布には正規分布だけでなく、特性値がすべての領域でほぼ同じ確率で生起する“**一様分布**”などいろいろな分布が存在します。一様分布の代表的なものはサイコロです。1 から 6 の目がでる確率は 1/6 です。目の数という特性値はどれも同じ確率（1/6）で生起します。

《基本統計量のイメージを可視化すると》

統計解析は調査や研究の対象である母集団の真の姿を想像することが目的です。たとえば、**図 2・8** の左にあるような立体造形物をある空間のなかに作るように、母集団の真の姿を想像します。まず、この造形物を粘土などで製作する場合、底面の円を定める必要があります。そのため、ある面に円を描くのですが、このときコンパスの針をさす位置こそ、サンプル群を計測して得られたデータの平均になります。

そして、コンパスの開き、つまり、円の半径が標準偏差であり、描いた円の面積を円周率で割った値が分散になります。

これにより母集団の中心と広がりという平面的（2 次元）イメージを持つことができるようになります。半径を 2 倍、3 倍にすることで 2σ、3σ の領域がしめされ、面積は 4 倍、9 倍に増加します。

たとえば、母集団が正規分布にしたがうと考えられる場合、底面が標準偏差を何倍かした円の釣りがね型を考えればよいでしょう。

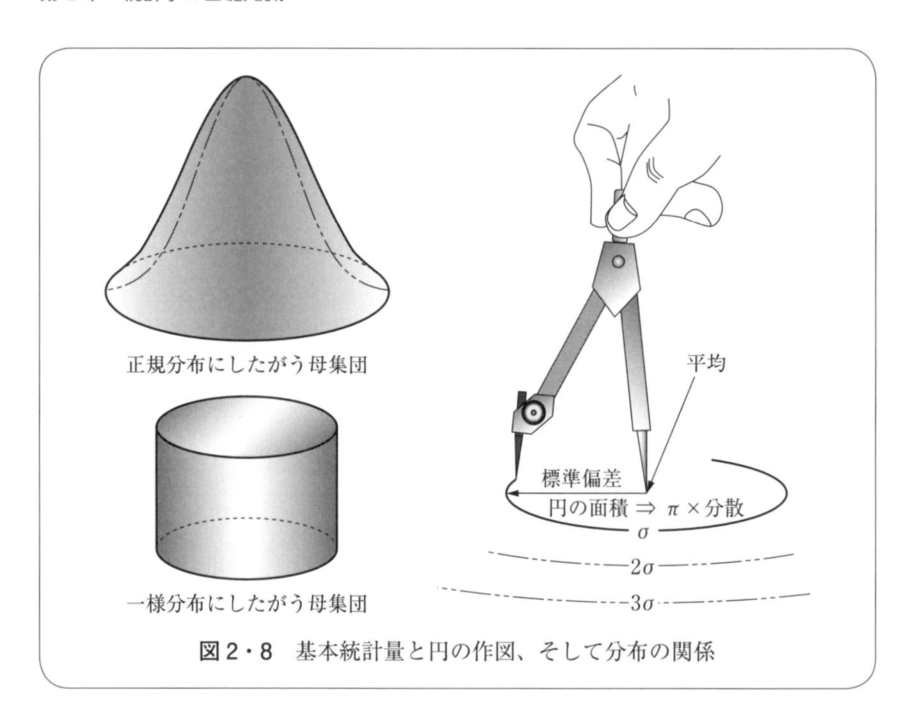

図 2・8　基本統計量と円の作図、そして分布の関係

もうひとつ重要な基本統計量であるデータ数は、造形物の輪郭の鮮明度と考えることができます。データ数が少ない場合には、その造形の輪郭はぼんやりとし、データ数が多くなるほど輪郭ははっきりするのです。思考のなかでこの造形物を製作することが、母集団の真の姿を想像する、ということなのです。

2・5　分散の加法性─統計学で 2 乗情報を使うもう 1 つの理由

《ばらつきのある積み木を重ねると》

同じ形をした積み木の群れ A があります。積み木の厚さは多少ばらついていて平均が 20 mm、分散が 0.16 mm^2（標準偏差：0.4 mm）です。また、別の積み木の群れ B があって、こちらは平均が 30 mm、分散が 0.25 mm^2（標準偏差：0.5 mm）です。

それぞれの積み木から無作為に 1 個ずつ取りだして重ねあわせ、その厚さを計測します。これを多数回くり返して行うと、積み木を重ねあわせたときの厚さのデータが多数採集できます。このデータを統計解析するとどうなるでしょうか。

積み木を重ねあわせたときの厚さの平均は加法性が成立して20 mm＋30 mm＝50 mmになりそうだな、と容易に想像できるでしょう。では、分散はどうなるでしょうか。

実は、分散にも加法性が成立して、重ねあわせた積み木の厚さの分散は$0.16\ mm^2+0.25\ mm^2=0.41\ mm^2$になるのです（標準偏差：0.64 mm）。

ここで気づかれた方もいらっしゃるかもしれません。それぞれの積み木の厚さについての分布の形態が書かれていないぞ、と。

分散の加法性は、もととなる集団が平均と分散が定義できる分布をしていれば、どのような形態の分布をしていても成立します。また、異なる形態の分布同士であっても分散の加法性が成立します。この事実が"**分散の加法性**"です。

ばらつきの情報を2乗している分散という概念に加法性が成立することが、統計学で2乗情報を積極的に利用するもう1つの理由になります。そして、分散の加法性こそ、分散分析の源泉です。また、機械や電気回路の設計で、いろいろな部品の寸法や特性値のばらつきが組みあわさったときに、寸法や特性値の範囲がどの程度になるか、を推定する**公差解析**における**基本原理**でもあります。

《期待値とは》

ここから分散の加法性の統計学的な記述を紹介しますが、その前に、"**期待値**"ということばについて説明します。

期待値とは、ある特性において特定の値の出現がある確率で支配されているとき、その特性値として出現するすべての値を、それぞれの出現を支配している確率で重みづけして求めた平均です。

例として、1個のサイコロを1回振るときのでる目の期待値を考えます。

でる目は1、2、3、4、5、6のいずれかになります。でる目を変数としてxとします。このように確率で支配されている変数を**確率変数**といいます。どの目もでる確率は1/6です。でる目の期待値は$E[x]$のように記述します。Eはexpected valueの頭文字です。[　]のなかに目的の事象を記入します。

また、確率変数の分散は$V[x]$と表記します。

サイコロのでる目の期待値は、

$$E[x]=1\times1/6+2\times1/6+3\times1/6+4\times1/6+5\times1/6+6\times1/6=3.5$$

になります。

そのときでる目の分散は、

$$V[x]=\left\{\frac{(1-3.5)^2}{6}+\frac{(2-3.5)^2}{6}+\frac{(3-3.5)^2}{6}+\frac{(4-3.5)^2}{6}+\frac{(5-3.5)^2}{6}+\frac{(6-3.5)^2}{6}\right\}$$

$$=\frac{1}{6}\{(-2.5)^2+(-1.5)^2+(-0.5)^2+0.5^2+1.5^2+2.5^2\}$$

$$=17.5/6=2.917$$

になります。

《分散の加法性についての統計学での記述》

それでは、分散の加法性を統計学的に記述します。

分散の加法性

確率変数：x_1とx_2はたがいに独立に分布し、かつ、

$$E[x_1]=\mu_1 \qquad V[x]=\sigma_1{}^2$$

$$E[x_2]=\mu_2 \qquad V[x]=\sigma_2{}^2$$

とすると、あらたな確率変数として、

両者の和　$y=x_1+x_2$　および　差　$z=x_1-x_2$　の期待値と分散は、

$$E[y]=\mu_1+\mu_2 \qquad V[y]=\sigma_1{}^2+\sigma_2{}^2$$

$$E[z]=\mu_1-\mu_2 \qquad V[z]=\sigma_1{}^2+\sigma_2{}^2$$

となる。

これをみると、$z=x_1-x_2$なのに　$V[z]=\sigma_1{}^2+\sigma_2{}^2$になっています。

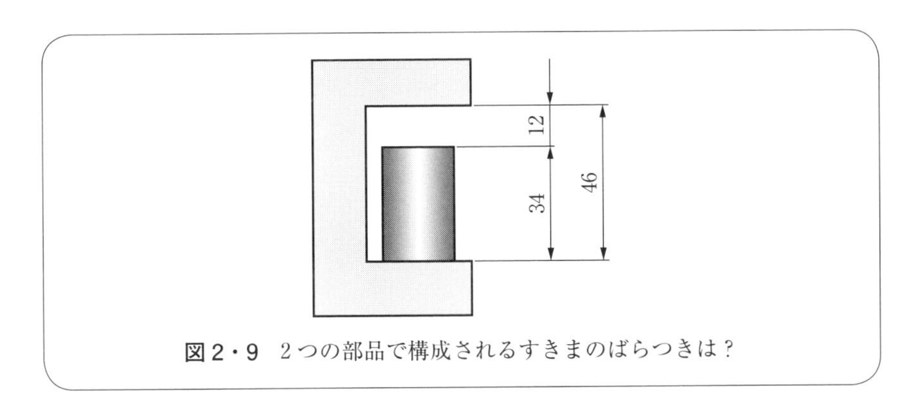

図２・９　２つの部品で構成されるすきまのばらつきは？

これは**図２・９**のように考えれば納得できるはずです。

大量生産されたコの字型のブロックがあります。コの字に開いた間隔は基準の寸法が46ですがばらつきがあり、その分散は0.25 mm²です。このブロックの開口部に円筒形状の部品を置きます。円筒状の部品の高さは基準が34 mmですがこちらもばらつきがあり、その分散は0.16 mm²です。

ブロックと円筒部品を無作為に取りだしてこの製品を組みたてたとき、ブロックと円筒部品が作るすきまの寸法は、46 mm－34 mm＝12 mmを中心にばらつきます。

積み木を重ねる場合は、基準寸法よりも厚い積み木同士を重ねると、重ね合わせた結果も基準寸法よりも厚くなります。しかし、この事例ではブロックの開口部が基準寸法より大きくて、円筒部品の高さが基準寸法より小さいときにすきまは広くなります。ブロックの開口部が基準寸法より小さくて、円筒部品の高さが基準寸法より大きいときには、逆にすきまは狭くなります。

計算式のうえでは引き算なのですが、ばらつきには引き算が成立することはありません。原理的には46＋(－34)＝12という足し算と考えることもできます。そのため、$z=x_1-x_2$という特性の事象であっても$V[z]=\sigma_1^2+\sigma_2^2$になるわけです。

また、分散の加法性から分散の定数倍に関する性質が導かれます。

分散の定数倍の法則

x はつぎの期待値と分散をもつ確率変数とする。

$$E[x]=\mu \qquad V[x]=\sigma^2$$

このとき、定数：a をもちいて新しく確率変数 $y=ax$ を定義すると、その期待値と分散は、

$$E[y]=a\mu \qquad V[y]=a^2\sigma^2$$

となる。

《分散の加法性を納得する》

しかし、実際にはここまでの内容を読んだだけでは分散の加法性や定数倍の法則についての理解や納得はできないものだと思います。また、そこで、分散の加法性についてその性質を納得するためのツールを Excel で用意しました。このツールは 2・1 節に記載してある使用許諾を了承したうえでダウンロードしていただけます。ダウンロード先とその方法は 2・1 節を参照してください。

ダウンロードした【教材フォルダ.zip】の【第 2 章】のなかに『分散の加法性.xls』という Excel ファイルがあります。これを開いてください。

すると、**図 2・10** の画面が表示されます。このシートでは A、B、C という 3 種類の積み木を重ねたときの全体の厚さを計測する行為をシミュレーションしています。積み木の厚さの母平均はそれぞれ 10 mm、20 mm、30 mm です。また、母標準偏差は 1 mm、1.5 mm、2 mm です。母分散は標準偏差の 2 乗です。

Excel の正規分布にしたがう乱数を発生させて、それぞれの母集団から取りだした積み木の厚さを決めています。3 種類の積み木を取りだした結果が C、D、E 列の 11 行目より下に表示されます。全体で 1000 回試行します。H 列に同じ行に表示されている積み木を、3 枚重ねたときの厚さを足し算の結果として表示します。その上の m（A+B+C）には 3 枚重ねた厚さ 1000 個分の平均を表示します。また、σ（A+B+C）には 3 つの積み木の標準偏差をたしあわせた結果が表示されます。そして、V（A+B+C）には分散が表示されます。この値を観察して分散の加法性を確認してください。

	A	B	C	D	E	F	G	H
1								
2		神のみぞ知る	1	1	1			
3		分散: σ^2	1.00	2.25	4.00	7.25		
4		標準偏差: σ	1	1.5	2			
5		平均: μ	10	20	30			
6		観測された				$V_A+V_B+V_C$		
7		分散:V	1.013	2.344	3.867	7.225	V(A+B+C)	7.355
8		標準偏差:s	1.007	1.531	1.966	2.712	σ(A+B+C)	4.504
9		平均:m	10.003	19.954	30.047	60.004	m(A+B+C)	60.004
10			積み木A	積み木B	積み木C			全体
11		1	10.751	19.628	29.704			60.082
12		2	9.174	18.293	33.911			61.378
13		3	8.714	19.762	31.397			59.873
14		4	10.243	19.229	30.132			59.604
15		5	11.270	19.600	31.985			62.856
16		6	10.560	21.202	30.060			61.822
17		7	10.509	18.398	27.823			56.730
18		8	9.323	20.471	30.650			60.444

図2・10　ファイル『分散の加法性.xls』の画面

C、D、E列の7行目～9行目には、それぞれの積み木単体の厚さ1000個分で計算した分散、標準偏差、平均を表示します。セル（F7）には積み木ごとの厚さの分散をたしあわせた結果を表示します。

PCのキーボードの【F9】ボタンを押すたびに再計算され、新しいデータに置き換わります。試行ごとにV（A+B+C）に表示される値を観察してください。神のみぞ知る3つの積み木の母分散（1、2.25、4）の合計7.25のまわりの値をとることが確認できるものと思います。また、同様に、セル（F7）の値も7.25のまわりの値をとるはずです。

シート「一様分布」はそれぞれの積み木の厚さが正規分布ではなく、一様分布にしたがう場合を想定したものです。同じ試行をして確認してみてください。

また、シート「混在」は積み木AとCの厚さが一様分布、Bが正規分布にしたがう場合を想定しています。母集団の分布が異なるときでも、分散の加法性が成立することを確認してください。

さて、再度シート「正規分布」に戻してください。そして、C、D、E列の2行目に記入されている“1”という数値のいずれかを“−1”に書き換えると、その列を引く処理に変わります。分散の加法性は引き算でも成立することを確認してください。

最後にシート「定数倍」を開いてください。Ｃ列には平均 10、分散１で正規分布にしたがう乱数が 1000 個表示されます。セル（E2）はＣ列の乱数にかける定数です。デフォルトでは“2”です。Ｄ列にはＣ列の結果にセル（E2）に記入してある定数をかけた結果です。そして、その分散をセル（D7）に表示します。“$2^2=4$”のまわりの値をとることを確認してください。

このシミュレータで分散の加法性という統計学上の事実を確認して、ぜひ、この事実について納得してください。

2・6　中心極限定理—統計数理の源泉となる事実

《管理図について》

それでは、統計学の数理を展開していくうえで、必要不可欠になる**中心極限定理**の説明をします。中心極限定理という統計学上の事実は、書籍を読んだだけではたぶん理解も納得もできません。本書では、Excel ファイル『中心極限.xls』を使って実験することで、中心極限定理という事実を納得していただきます。まず、中心極限定理とはどのようなことなのか、を説明します。

母集団の真の姿を想像するために、母集団からサンプルを取りだして、そのサンプルの特性値を計測します。

つぎに、計測結果であるデータについて統計解析を行うことで基本統計量を求めたり、どのような分布になっているのかを推察したりします。

しかし、取りだすサンプルの数がほんの数個では、母集団の真の姿を想像することはできません。サンプル数が増えれば増えるほど、統計解析の結果から想像される母集団の真の姿が、実際の姿に近づいていきます。

製品が連続して生産されている工場では、適当な時間間隔で数個の製品を抜きとり、その特性を計測することで、製造設備や工程の異常検出や製品の品質の検査を行っています。連続して抜きとった数個の製品の特性値を計測し、その数個の製品を１組のサンプル群として、計測した特性値の平均とレンジなど

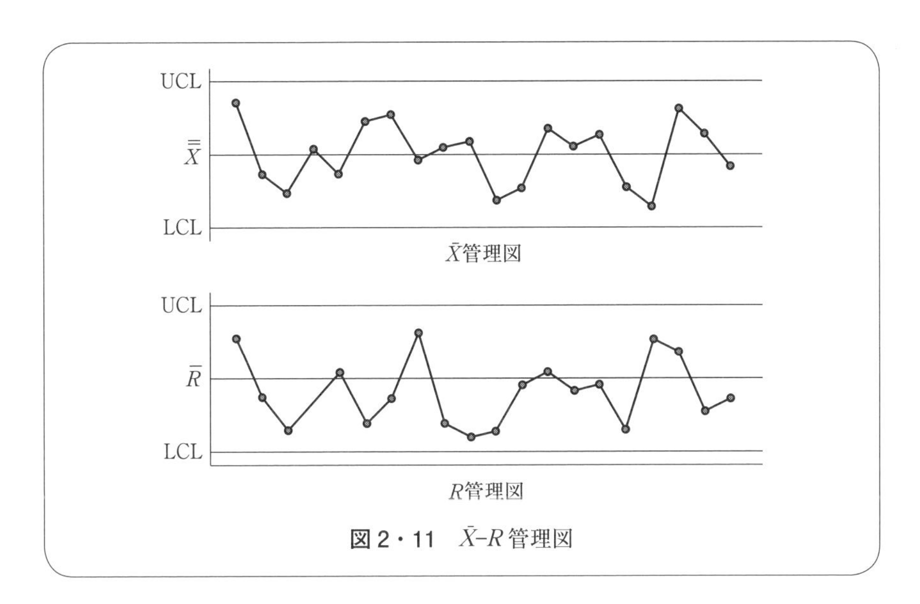

図2・11　$\bar{X}$–R管理図

を計算します。

そして、それぞれの結果を横軸に時間をとった2系統のグラフにプロットしていく、**管理図**という品質管理7つ道具にあげられる手法があります。

管理図を作成すれば、時間軸方向にプロットされた平均やレンジの傾向を観察することで、工程管理や製品の品質管理を行うことができます。**図2・11**に管理図の一例として「**$\bar{X}$–R管理図**」をしめします。ここで、上のグラフ：**$\bar{X}$管理図**のそれぞれのプロットはどれも数個のサンプルの特性値に関する平均です。そして、下のグラフ：**R管理図**は数個のサンプルの特性値に関するレンジです。

《中心極限定理とは》

このように母集団から数個のサンプルを取りだして特性を計測し、その平均を求める行為をくり返すと、多数のサンプル群平均が得られます。そして、この多数のサンプル群平均は、とても興味深い性質を持っています。それが中心極限定理という統計学上の事実です。中心極限定理を統計学的にあらわします。

中心極限定理

確率変数：x が、母平均：μ、母分散：σ をもつある分布にしたがうとき、これから無作為に抽出した大きさ n の標本平均：$\bar{x}$ の分布は、n が大きくなるにつれて、母平均：μ、母分散：σ^2/n の正規分布に近づく。

もう少し具体的に説明します。**図２・12**をご覧ください。

母平均：μ、母分散：σ^2 という統計学的な特徴をもつ連続した分布の母集団から、n 個のサンプルを取りだして特性値を計測します。このとき、母集団の分布はどのような形態をしていてもかまいません。そして、その平均：$\bar{x}_j$ を求めます。$\bar{x}$ の添え字：j は、母集団から n 個のサンプル群を取りだす行為の試行回数を意味します。

$\bar{x}_1$ は１回目に取りだした n 個のサンプル平均のことです。n 個のサンプルを取りだす試行を m 回くり返して m 個のサンプル平均 $\bar{x}_1$、$\bar{x}_2$、$\bar{x}_3$、…、$\bar{x}_m$ を求めます。そして、この $\bar{x}_1$、$\bar{x}_2$、$\bar{x}_3$、…、$\bar{x}_m$ について調査すると、このサンプル平均の群れは正規分布にしたがい、そのサンプル平均の群れの平均は大数の法

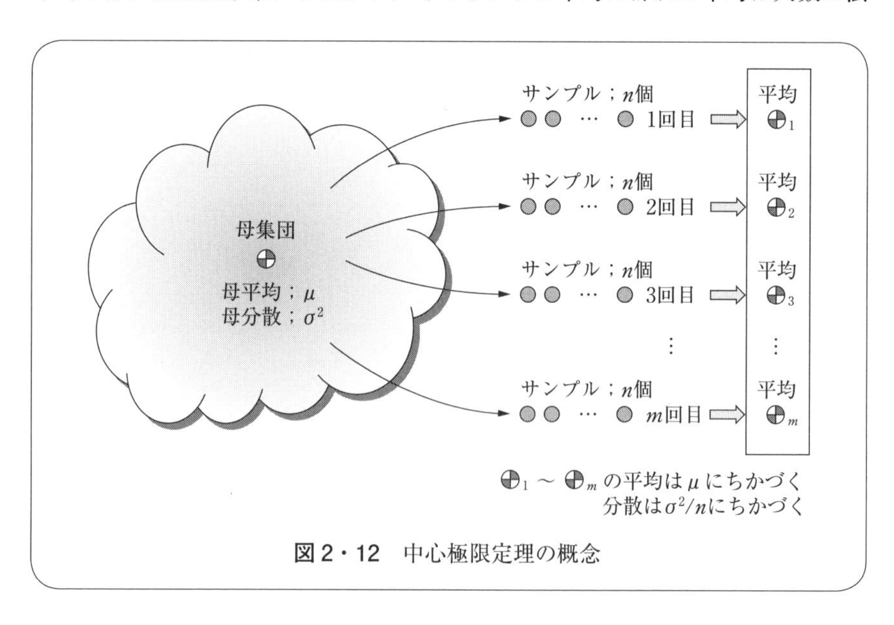

図２・12　中心極限定理の概念

則より、サンプルを取りだした母集団の平均：μ 近づきます。これは想像しやすい内容です。

さらに、そのサンプル平均の集団の分散は、母分散：σ^2 を、試行1回につき取りだすサンプル個数：n で割った値、つまり、σ^2/n に近い値になる、ということです。

現実的には1回に取りだすサンプル数：n は5個以上必要といわれています。そして、n が大きくなるほど得られる情報の信頼性は高まります。**不偏分散**をもとめるとき、偏差平方和を（データ数－1）で割る理由を知るには、中心極限定理の理解、または、納得が必要です。

《中心極限定理を納得する》

ここまで読んだからといって、中心極限定理について記述している内容について、すんなりとは納得できないことでしょう。そこで、中心極限定理という事実を実際に体験していただき、その内容の理解をたすけるためにシミュレータをExcelで制作しました。中心極限定理という事実を納得するためにご活用ください。

ダウンロードした【教材フォルダ.zip】の【第2章】のなかに『中心極限.xls』というExcelファイルがあります。これを開いてください。**図2・13**のような画面が開きます。

このファイルでは「一様分布」、「正規分布」、「バスタブ分布」の3つの分布にしたがう乱数を使って中心極限定理という事実を体験できます。セルF4のサンプル抽出数の個数だけ、【操作ボタン】に配置したボタンに記入してある分布にしたがう乱数をそれぞれのシートに発生させます。

「操作ボタン」の領域に、【一様分布】、【正規分布】、【バスタブ分布】という3つのボタンがあります。いずれかボタンをクリックすると対応するシートに、その分布にしたがう乱数を「サンプル抽出数」に置数した個数分だけ発生させます。デフォルトは“4”です。そして、その試行を1000回くり返し、試行ごとに平均を求めます。つまり、1000個の平均が求まり、それを15分割した度数分布表にまとめ、その度数分布の結果が正規分布にしたがうか否かを、適合

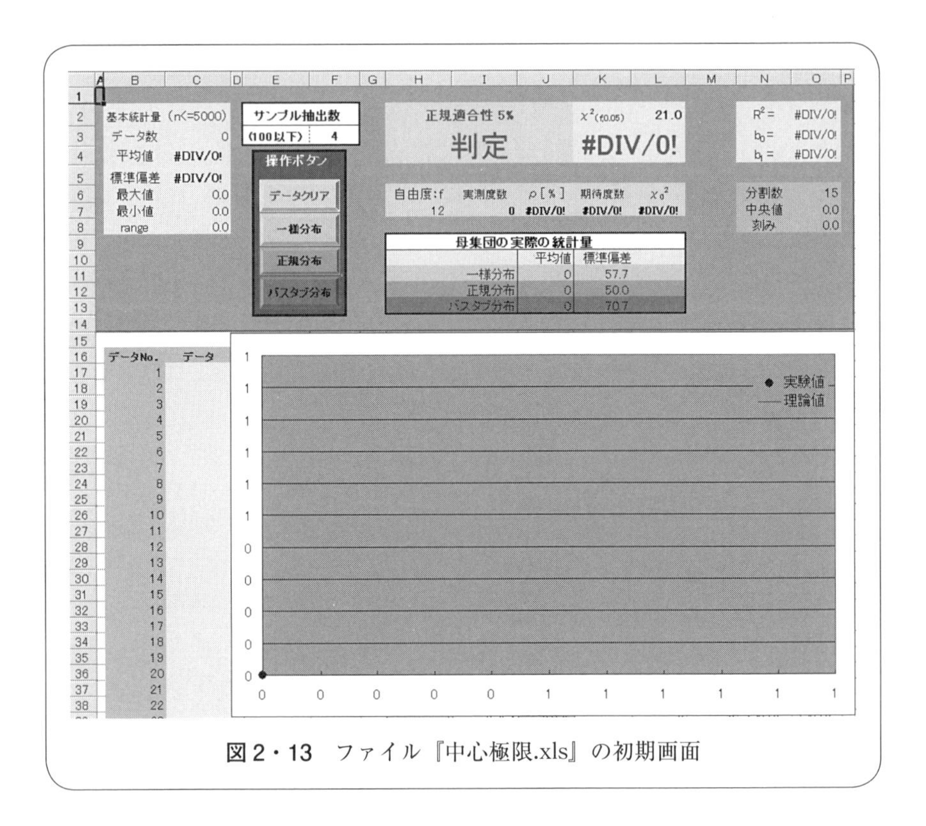

図2・13　ファイル『中心極限.xls』の初期画面

度検定という手法で判定します。適合度検定の信頼度は95％としています。信頼性95％という表現については第4章で解説します。

なお、分布のかたちはそれぞれのシートに図示していますから、それを参考にしてください。

採集した1000個の平均が正規分布にしたがうと判定された場合は、【判定】の欄に“OK”と表示され、したがうとはいえないと判定された場合は“？”と表示されます。また、1000個の平均の平均はセルC4に、また、標準偏差はセルC5に表示されます。それぞれの分布の母集団の母平均と母標準偏差はセルJ11からセルK13に記載してあります。このシミュレータでは、分散ではなく標準偏差を表示しますのでご注意ください。分散よりも標準偏差のほうが適度な値となって理解しやすいからです。

中心極限定理から、サンプル平均の群の標準偏差：s は、母集団の標準偏差：σ の $1/\sqrt{n}$ になります。たとえば、1回の試行で抽出するサンプル数がデフォルトの4個の場合、サンプル平均の群の標準偏差は、母集団の標準偏差の1/2になります。

百聞は一見にしかず、百見は一行にしかず、です。分布のかたちやサンプル抽出数をいろいろと変更して抽出したサンプル平均の群が正規分布にしたがうか？や、サンプル平均の群の標準偏差が母標準偏差の $1/\sqrt{n}$ になるか、などを確認して中心極限定理を実感してください。

なお、サンプル抽出数を減らす場合、【データクリア】をクリックしてください。サンプル抽出数を増やす場合、その必要はありません。

サンプル抽出数が"4"の場合、サンプル平均の群れの分布は常に正規分布にしたがうとはいえませんが、"5"以上になるとバスタブ分布でもほとんどの場合、正規分布にしたがう、という結果が得られるものと思います。

《分散はなぜ偏差平方和を（データ数－1）で割るのか？》

まず、ばらつきの指標である"分散"は何に対してのばらつきを知りたいのでしょうか。母集団から取りだしたサンプル群のなかだけのばらつきでしょうか？

統計の目的を思いだしてください。それは、"神のみぞ知る母集団"の真の姿を想像することです。つまり、サンプル群の個々の特性を計測して得られた結果のなかでのばらつきではなく、結果から母集団内でのばらつきをあらわす母分散：σ^2 を知りたいのです。

これをしっかりと認識して以下の解説を読み進めてください。

母集団から取りだしたサンプル群の計測結果の平均：$\bar{x}$ は母集団の平均：μ の推定値ですが、μ と一致することはなく、必ず μ に対して上下いずれかに偏ります。この事実により、サンプル群の平均を基準に計算した偏差平方和：S も母平均：μ を基準に計算した値とは異なる値になってしまいます。

サンプル群を取りだす試行をくり返すと、選ばれるサンプルが異なるので、毎回サンプル平均：$\bar{x}$ は異なる結果になります。サンプル平均から計算した偏

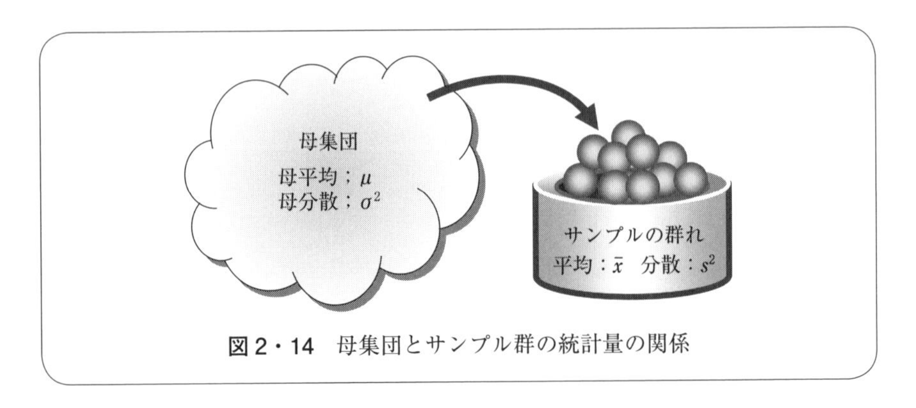

図２・14　母集団とサンプル群の統計量の関係

差平方和：S も偶然に支配されて毎回異なる値をとります。

では、私たちが本当に知りたい母平均：μ と個々のサンプルとのばらつきの情報を考えてみます（**図２・14**）。

まず、個々のサンプルデータと未知の母平均：μ の差の総和：S_μ を考えます。

$$S_\mu = \sum_{i=1}^{n} (x_i - \mu)^2 \qquad \cdots\cdots\cdots(2.17)$$

式(2.17)の(　)内でサンプル平均：$\bar{x}$ を引いてから再びたして、整理すると、

$$S_\mu = \sum_{i=1}^{n} (x_i - \bar{x} - \mu + \bar{x})^2 = \sum_{i=1}^{n} \{(x_i - \bar{x}) - (\mu - \bar{x})\}^2$$

$$= \sum_{i=1}^{n} (x_i - \bar{x})^2 - 2(\mu - \bar{x}) \sum_{i=1}^{n} (x_i - \bar{x}) + n(\mu - \bar{x})^2$$

ここで、第２項の Σ の部分を展開すると、

$$\sum_{i=1}^{n} x_i - \sum_{i=1}^{n} \bar{x} = n\bar{x} - n\bar{x} = 0$$

になります。その結果、

$$S_\mu = \sum_{i=1}^{n} (x_i - \bar{x})^2 + n(\mu - \bar{x})^2$$

$$S_\mu = S + n(\bar{x} - \mu)^2$$

になります。この第２項は取りだしたサンプル群を構成するサンプルの組みあわせごとに異なる値をとる $\bar{x}$ と、母平均：μ の差の２乗に取りだしたサンプル

数をかけたものです。つまり、母平均：μ に対する1つのサンプル群についての平均の期待値の分散：$V_{\bar{x}}$ を n 倍したものと考えられます。

さて、中心極限定理を思い出してください。n 個のサンプルを取りだしてその平均：$\bar{x}_j$ を求める試行を多数回くり返すと、そのサンプル群の平均のばらつき情報である分散：$V_{\bar{x}}$ は、母分散：σ^2 の $1/n$ になります。つまり、

$$V_{\bar{x}}=\frac{1}{n}\sigma^2$$

になります。その結果、S_μ の式は、

$$S_\mu=S+nV_{\bar{x}}=S+n\frac{1}{n}\sigma^2=S+\sigma^2$$

と変形されます。

一方、母集団から取りだした n 個のサンプルのうち1個のデータ：x_i は母平均：μ と一致することはなく、常に母平均に対する誤差が存在します。そして、この誤差の2乗の期待値を n 個のサンプル全体でとらえて、その総量を考えると、

$$n(x_i-\mu)^2=n\sigma^2$$

になります。そして、これこそ S_μ そのものです。

したがって、

$$S_\mu=n\sigma^2$$

になります。そして、先ほど導いた、

$$S_\mu=S+\sigma^2$$

という関係から、

$$n\sigma^2=S+\sigma^2$$

になります。これを変形すると、

$$n\sigma^2-\sigma^2=S$$

$$\sigma^2=\frac{S}{n-1} \qquad \cdots\cdots\cdots(2.18)$$

となって、サンプル群のデータから計算した偏差平方和から母分散を推定するときには、(データ数−1) で割る必要があることが確認できました。

第3章

相関と回帰分析

3・1　相関と相関の状況を可視化する散布図と相関係数の役割

《相関とは》

2系統の要因それぞれに関する複数のデータが存在する場合、両者の関係がどのような傾向にあるのか、を調べた結果、一方が増加するとき他方が直線的に増加する傾向があるとき、正の相関がある、といいます。それとは逆に一方が増加するとき、他方が直線的に減少する傾向があるとき、負の相関があるといいます。

《相関を可視化するための散布図》

しかし、相関があるからといって、2系統のデータ群の間に自然科学の法則に支配された因果関係のような深いつながりがあるとはかぎりません。

一方の情報を横軸にして、他方の情報を縦軸にプロットしたグラフを**散布図**といいます。散布図も品質管理7つ道具の1つです。散布図を描くことによって相関を含め両者の関係を可視化することができます。

散布図は2系統の要因の両者に因果関係がある、と予想される場合は、横軸に原因となる要因を配し、縦軸には結果となる要因を配します。**図3・1**に相関があるときの散布図の一例をしめします。左側が正の相関があるときの散布

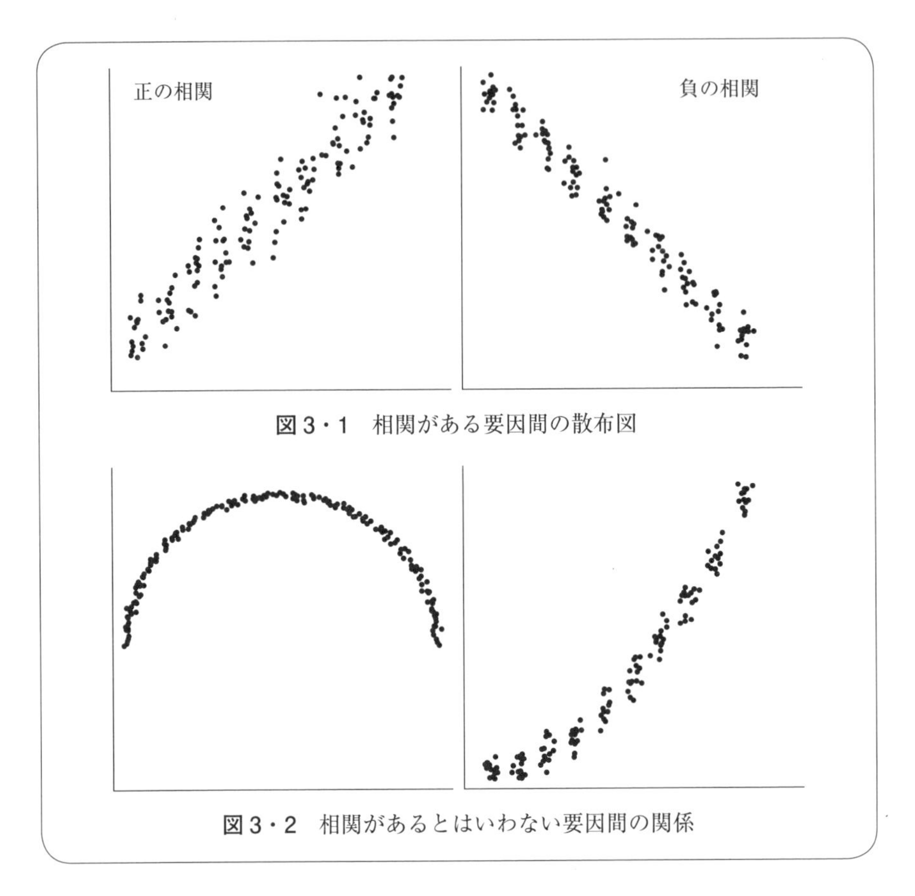

図３・１　相関がある要因間の散布図

図３・２　相関があるとはいわない要因間の関係

図で、右側が負の相関があるときの散布図になります。

図３・１では負の相関の散布図のほうが、正の相関の散布図よりもまとまっているようにみえます。まとまりがよいほど相関が強いと表現します。

つぎに**図３・２**をみてください。いずれも横軸と縦軸の要因間に強い関係性があることがみてとれます。しかし、左の散布図の場合、相関があることにはなりません。また、右の散布図も厳密には相関があるとはいいません。左の散布図はあきらかに直線性がありませんし、右の散布図はよくみると２次関数的に変化しているからです。相関とは、一方の要因の変化に対して、他方が直線的に変化する関係にあることを意味することばです。

右の散布図の横軸に配した特性を２乗した値と、縦軸の要因を再散布すると

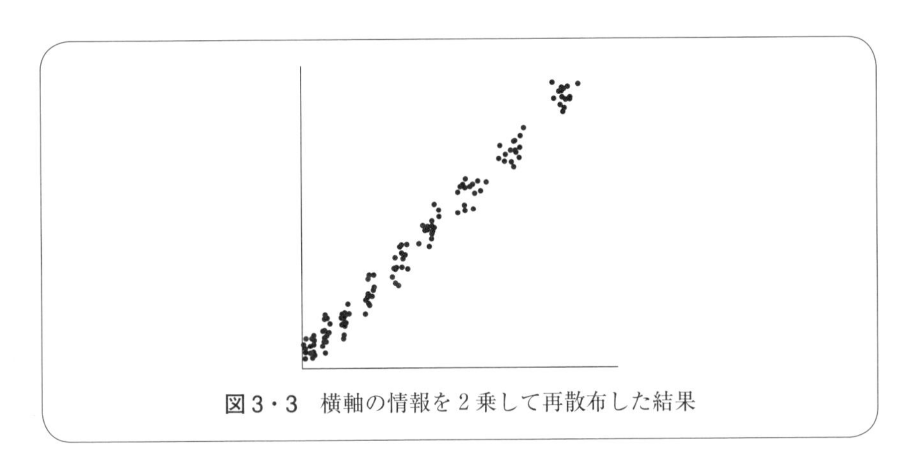

図3・3　横軸の情報を2乗して再散布した結果

図3・3の散布図が得られます。図3・2の右の散布図であらわされている要因間の関係で縦軸に配した特性は、横軸に配した特性の2乗した結果とのあいだに相関があることがわかりました。

このように、直線関係ではないけれども、2系統の要因間をあらわす散布図に、なんらかの幾何学的な特徴がみられるときには、その関係を追及することであらたな知見を得ることができることもあります。

《相関係数とは》

図3・1では、負の相関のほうがプロットされたデータがまとまっていて、相関が強いと説明しました。相関の強さを定量的に表現する指標が『**相関係数**』です。

正の相関と負の相関の関係をもつ2つのデータ群について、各軸の座標の平均：$\bar{x}$と$\bar{y}$を求めて、それぞれのデータから引いた偏差：$(x_i-\bar{x})$、$(y_i-\bar{y})$を求めます。そして、それを散布図にすると**図3・4**になります。この散布図は原点を通る横軸と縦軸によって4分割されています。右上の区画を第1象限といい、反時計回りに第2象限、第3象限、第4象限といいます。

プロットされたデータ群と象限の関係を**表3・1**にまとめました。まず、正の相関の場合、データ群の分布は第1象限と第3象限に多くが分布しています。しかも、第2象限と第4象限ではデータのプロットが原点の近くにしか存在し

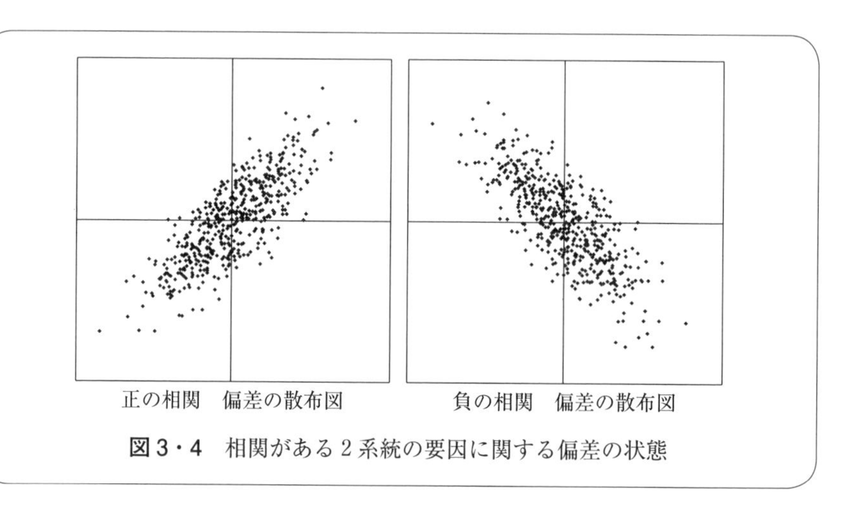

図３・４　相関がある２系統の要因に関する偏差の状態

表３・１　正の相関における象限と偏差の傾向

	$(x_i-\bar{x})$	$(y_i-\bar{y})$	$(x_i-\bar{x})(y_i-\bar{y})$
第１象限	プラス	プラス	プラス
第２象限	マイナス	プラス	マイナス
第３象限	マイナス	マイナス	プラス
第４象限	プラス	マイナス	マイナス

ないのに対して、第１象限と第３象限に存在するデータプロットは、横軸方向に原点から離れると縦軸も原点から離れる方向に偏差が配置されています。

したがって、１対の偏差データについて、横軸座標と縦軸座標の積を考えて偏差データ群全体でその総和をとると、第１象限と第３象限の総和が第２象限と第４象限の総和よりも、圧倒的に大きくなるものと考えられます。

表３・１では、第１象限と第３象限において横軸座標と縦軸座標の積は『プラス』ですから、正の相関の場合、偏差データ群の横軸座標と縦軸座標の積の総和は４つの象限全体では『プラス』になります。

一方、第２象限と第４象限に多くのデータが存在している負の相関の場合、データ群の横軸座標と縦軸座標の積の総和は４つの象限全体では『マイナス』になります。

サンプルごとに横軸座標の平均からの偏差と、縦軸座標の平均からの偏差との積を計算して、それらをすべてたしあわせた総和を**積和**といい S_{xy} であらわします。

そして、積和の符号によって正の相関か負の相関かの判定が可能になります。積和ということばから対をなすデータ同士の積をイメージしがちですが、平均からの偏差同士の積であることに注意してください。

《積和を精度よく計算する式を導く》

積和：S_{xy} を計算するための原理となる式はつぎの式です。

$$S_{xy}=\sum_{i=1}^{n}(x_i-\bar{x})(y_i-\bar{y}) \quad \cdots\cdots\cdots(3.1)$$

式(3.1)を変形することで、偏差平方和の計算の場合と同じようにまるめ誤差などを低減できる式を導くことができます。

$$S_{xy}=\sum_{i=1}^{n}(x_i-\bar{x})(y_i-\bar{y})$$

$$=\sum_{i=1}^{n}(x_iy_i-\bar{y}x_i-\bar{x}y_i+\bar{x}\bar{y})$$

$$=\sum_{i=1}^{n}x_iy_i-\bar{y}\sum_{i=1}^{n}x_i-\bar{x}\sum_{i=1}^{n}y_i+n\bar{x}\bar{y}$$

ここで $\sum_{i=1}^{n}x_i=n\bar{x},\quad \sum_{i=1}^{n}y_i=n\bar{y}$ ですから、

$$S_{xy}=\sum_{i=1}^{n}x_iy_i-2n\bar{x}\bar{y}+n\bar{x}\bar{y}=\sum_{i=1}^{n}x_iy_i-n\bar{x}\bar{y} \quad \cdots\cdots\cdots(3.2)$$

または、

$$S_{xy}=\sum_{i=1}^{n}x_iy_i-\frac{1}{n}\sum_{i=1}^{n}x_i\sum_{i=1}^{n}y_i \quad \cdots\cdots\cdots(3.3)$$

となります。

それでは、ここで相関の強さをあらわす指標である相関係数：r の計算式を提示します。横軸の偏差平方和：S_x、縦軸の偏差平方和：S_y、積和：S_{xy} として、

$$r = \frac{S_{xy}}{\sqrt{S_x}\sqrt{S_y}} \quad \cdots\cdots\cdots(3.4)$$

となります。では、この式を導いてみます…といいたいのですが、ここまで紹介した統計学の内容だけではこの式を導くことができません。3・4節で説明する寄与率：R^2 という指標を導くことによって相関係数：r の計算式の意味が理解できるようになります。

さて、相関係数：r は $-1 \leqq r \leqq 1$ の範囲をとります。相関の強さは r がゼロに近づくほど弱くなり、-1（負の相関）や1（正の相関）に近づくほど相関が強いことを意味します。

なお、S_{xy} を自由度（$n-1$）で割ったもの、すなわち、

$$s_{xy} = \frac{1}{n-1} S_{xy} = \frac{1}{n-1} \left\{ \sum_{i=1}^{n} (x_i - \bar{x})(y_i - \bar{y}) \right\} \quad \cdots\cdots\cdots(3.5)$$

を**共分散**：s_{xy}（s はスモールエス）ということをつけ加えておきます。

3・2　偽相関、擬似相関

システムにおける入力と出力の関係など、2系統の要因のデータが複数組ある場合、両者に相関があるか否かを可視化して調べるために散布図を描きました。もし、両者になんらかの因果関係があると考えられるとき、散布図の横軸には因果関係の原因系となる特性を配置し、縦軸には結果系となる特性を配置する必要があります。原因系となる特性を**説明変数**あるいは**独立変数**といい、結果系となる特性を**目的変数**あるいは**従属変数**といいます。

目的変数を横軸、説明変数を縦軸に配置して散布図を描いてしまうと、あやまった判断を誘うおそれがあります。特に次の節で説明する**回帰分析**では、横軸に説明変数、縦軸に目的変数を配置するという原則をまもることが重要です。

また、説明変数と目的変数のあいだに因果律を支配している科学的な原理や法則などがあるか否か、ということも、とても重要な相関の要件になります。両者の散布図に強い直線関係がみられたとしても、その事実に対する因果関係を裏づける科学的な根拠がない場合もあります。

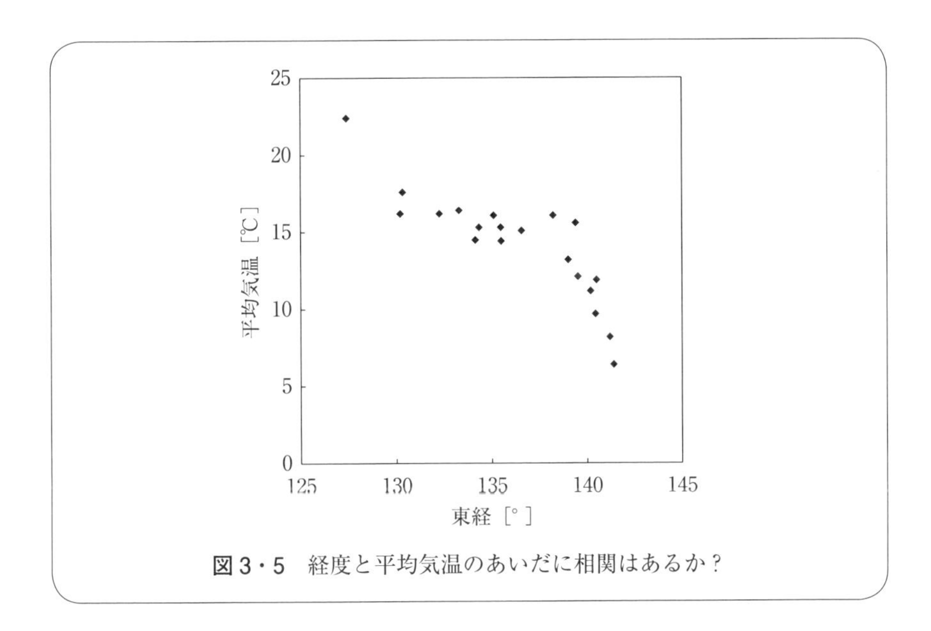

図3・5 経度と平均気温のあいだに相関はあるか？

このような相関の関係を**偽相関**あるいは**擬似相関**といいます。偽相関の具体例を**図3・5**にしめします。この図は日本の主要都市の経度と年間平均気温の散布図です。経度が大きくなるほど、平均気温は低下する傾向がみられます。では、日本の主要都市の経度と年間平均気温のあいだには負の相関がある、といえるでしょうか。

実は、経度と平均気温のあいだには、相関はありません。一見、両者のあいだには相関があるようにみえるのですが、これは、地球上における日本列島の配置が原因となっています。**図3・6**（左図）のように日本列島は北海道から沖縄まで、北東から南西に斜めに配置されています。つまり、東経が大きくなると北緯が大きくなるという関係があります。

科学的に考えると北半球では北緯が大きくなるほど北極に近づくため、図3・6（右図）のように平均気温は低くなる傾向にあります。緯度と平均気温のあいだに強い負の相関があることは科学的に正しい事実です。

一方で地球上の配置に由来して日本列島では経度と緯度のあいだに正の相関があります。そのため、緯度が媒介して経度と平均気温のあいだに相関がある

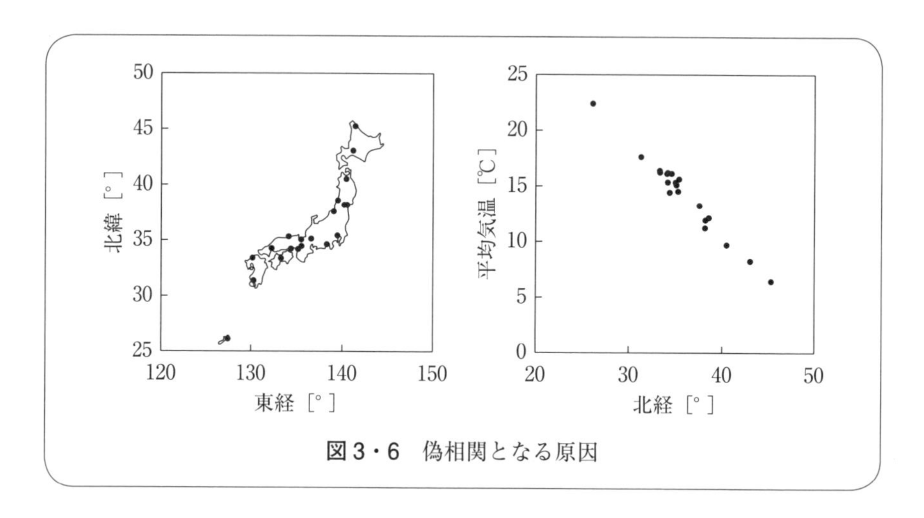

図３・６　偽相関となる原因

ようにみえてしまうのです。

相関を調べ、その結果から何か情報を引きだそうとするとき、両者の直線性をあらわす相関係数の値だけで相関の有無を判断するのではなく、両者間に本当に科学的な関係があるのか、を十分検討してから判断をくだすことが重要です。

3・3　回帰分析―あきらかな因果関係がある相関から結果を予測する

《回帰式―2系統の情報の関係をあらわす方程式》

３・２節では、対をなす説明変数と目的変数において、その変数同士の相関の強さは相関係数：r の絶対値の大きさとして、定量的に評価できることについて説明しました。相関係数の絶対値が１に近い値をしめす特性をもつ要因同士の場合、説明変数と目的変数の関係を一次関数として表現することが可能になり、説明変数がある値のときに目的変数がどのような値になるのかを推定できるはずです。そこで、回帰分析という考えがうまれました。

回帰分析は、説明変数と目的変数のあいだに比例関係の直線を仮定して、一次関数の傾き：b_1 と y 切片：b_0 を決めることが目的です。その原理は、仮に

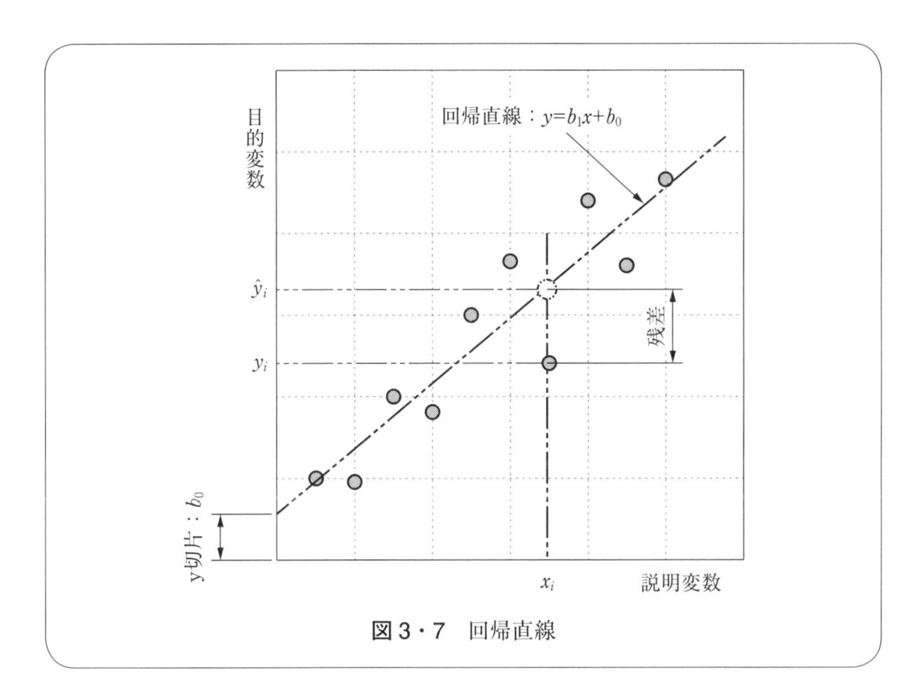

図3・7　回帰直線

定めた直線の方程式から計算した推定値と、実際の値との差の2乗を合計し、その合計がもっとも小さくなるように傾きとy切片を決める、というものです。**図3・7**にしめすように推定値：$\hat{y}$（読み：ワイハット）と実際の値の差を“**残差**”といいます。

求めた傾き：b_1とy切片：b_0で提示される直線を回帰直線といいます。ひとつの説明変数からひとつの目的変数を推定するための回帰分析を単回帰分析といい、複数の説明変数からひとつの目的変数を推定することを重回帰分析といいます。本書では、単回帰分析で回帰直線の方程式（単回帰式）を求める式について解説します。今後、単回帰式を回帰式と記述します。

回帰式の係数である傾きをb_1、y切片をb_0とすると、

$$b_1=\frac{S_{xy}}{S_x} \qquad \cdots\cdots\cdots(3.6)$$

$$b_0=\bar{y}-b_1\bar{x} \qquad \cdots\cdots\cdots(3.7)$$

となります。ここで、S_{xy}は、式(3.2)、または式(3.3)で求めた積和です。また、

S_x は説明変数（x 軸：横軸）の群の偏差平方和です。$\bar{x}$ は説明変数：x の平均であり、$\bar{y}$ は目的変数：y の平均です。なお、直線の傾き：b_1 を回帰係数と呼ぶこともあります。

求めるべき単回帰式は、

$$y = b_1 x + b_0 \qquad \cdots\cdots\cdots(3.8)$$

です。

《回帰直線の傾き：b_1 と y 切片：b_0 を導く》

ここから、回帰直線の傾き：b_1 と y 切片：b_0 を導くための数理を展開していきますが、かなり煩雑な内容になります。実用面から考えると、結果として得られる前述の式(3.6)と式(3.7)を覚えておくだけで充分ですから、以下の内容は読みとばしていただいて結構です。

それでは、b_1 と b_0 の式を導きます。

まず、説明変数が x_i のときに、仮に定めた回帰式で予測した目的変数の推定値を $\hat{y}_i$ とすると、

$$\hat{y}_i = b_1 x_i + b_0 \qquad \cdots\cdots\cdots(3.9)$$

となります。

ここで実際の目的変数の値：y_i と $\hat{y}_i$ の差を残差：e_i とすると、

$$e_i = y_i - \hat{y}_i \qquad \cdots\cdots\cdots(3.10)$$

になります。そして、この残差：e_i の２乗の合計である残差平方和が最小になるように b_1 や b_0 を修正しながら試行錯誤して回帰式を追いこんでいくことを想像してください。

しかし、実際には試行錯誤するのではなく、残差平方和に着目して回帰式を b_1 や b_0 で偏微分し、その値がゼロになるときの b_1 や b_0 を求める、つまり、残差平方和について b_1 や b_0 を変数とした極小点を求めることでこれらを決定するのです。

残差平方和：Se の式は式(3.9)と式(3.10)を使って、

$$Se = \sum_{i=1}^{n} e_i^2 = \sum_{i=1}^{n} (y_i - \hat{y}_i)^2 = \sum_{i=1}^{n} (y_i - b_1 x_i - b_0)^2 \qquad \cdots\cdots\cdots(3.11)$$

$$=\sum_{i=1}^{n}(y_i^2+b_1^2x_i^2+b_0^2-2y_ib_1x_i+2b_1x_ib_0-2b_0y_i)$$

ここで、Se を b_1 で偏微分してゼロとおくと、

$$\frac{\partial Se}{\partial b_1}=\frac{\partial}{\partial b_1}\sum_{i=1}^{n}(y_i^2+b_1^2x_i^2+b_0^2-2y_ib_1x_i+2b_1x_ib_0-2b_0y_i)=0$$

$$\sum_{i=1}^{n}(0+2b_1x_i^2+0-2y_ix_i+2x_ib_0-0)=0$$

$$\sum_{i=1}^{n}(2b_1x_i^2-2y_ix_i+2x_ib_0)=-2\sum_{i=1}^{n}x_i(y_i-b_0-b_1x_i)=0 \quad\cdots\cdots(3.12)$$

式(3.11)と式(3.12)の(　)のなかみは、ならび順が異なりますが記述している内容は同じです。つまり、式(3.12)の(　)内は式(3.11)でしめされている残差：e_i です。したがって、

$$\sum_{i=1}^{n}x_ie_i=0 \quad\cdots\cdots\cdots(3.13)$$

が導かれます。

つぎに、式(3.11)を変形した、

$$Se=\sum_{i=1}^{n}(y_i^2+b_1^2x_i^2+b_0^2-2y_ib_1x_i+2b_1x_ib_0-2b_0y_i)\cdots\cdots\cdots(3.14)$$

を b_0 で偏微分してゼロとおくと、

$$\frac{\partial Se}{\partial b_0}=\frac{\partial Se}{\partial b_0}\sum_{i=1}^{n}(y_i^2+b_1^2x_i^2+b_0^2-2y_ib_1x_i+2b_1x_ib_0-2b_0y_i)=0$$

$$\sum_{i=1}^{n}(0+0+2b_0-0+2b_1x_i-2y_i)=0$$

$$2\sum_{i=1}^{n}(y_i-b_0-b_1x_i)=0 \quad\cdots\cdots\cdots(3.15)$$

ここで、式(3.15)の(　)のなかみは式(3.12)の場合と同様に残差：e_i です。したがって、

$$\sum_{i=1}^{n}e_i=0 \quad\cdots\cdots\cdots(3.16)$$

となります。

求めるべき回帰式は式(3.13)と式(3.16)の条件を同時に満たす必要があることがわかりました。この2つの要件は、回帰式を求めるときの制約条件であり、回帰の自由度を考えるうえで大切な情報になります。

それでは、式(3.13)と式(3.16)のもととなる式(3.12)と式(3.15)をそれぞれ整理します。

$$\sum_{i=1}^{n} x_i(y_i - b_0 - b_1 x_i) = \sum_{i=1}^{n} y_i x_i - \sum_{i=1}^{n} b_0 x_i - \sum_{i=1}^{n} b_1 x_i^2 = 0 \quad \cdots\cdots\cdots(3.17)$$

$$\sum_{i=1}^{n} (y_i - b_0 - b_1 x_i) = \sum_{i=1}^{n} y_i - \sum_{i=1}^{n} b_0 - \sum_{i=1}^{n} b_1 x_i = 0 \quad \cdots\cdots\cdots(3.18)$$

まず、式(3.18)を変形して b_0 について解いていきます。

$$\sum_{i=1}^{n} y_i - \sum_{i=1}^{n} b_0 - \sum_{i=1}^{n} b_1 x_i = 0$$

$$\sum_{i=1}^{n} y_i - n b_0 - b_1 \sum_{i=1}^{n} x_i = 0$$

$$b_0 = \frac{\sum_{i=1}^{n} y_i - b_1 \sum_{i=1}^{n} x_i}{n} \quad \cdots\cdots\cdots(3.19)$$

つづいて、式(3.17)を変形して式(3.19)を代入します。

$$\sum_{i=1}^{n} y_i x_i - \sum_{i=1}^{n} b_0 x_i - \sum_{i=1}^{n} b_1 x_i^2 = \sum_{i=1}^{n} y_i x_i - b_0 \sum_{i=1}^{n} x_i - b_1 \sum_{i=1}^{n} x_i^2 = 0$$

$$\sum_{i=1}^{n} y_i x_i - \frac{\sum_{i=1}^{n} y_i - b_1 \sum_{i=1}^{n} x_i}{n} \sum_{i=1}^{n} x_i - b_1 \sum_{i=1}^{n} x_i^2 = 0$$

第2項の係数の分母 n をはらって、

$$n \sum_{i=1}^{n} y_i x_i - \sum_{i=1}^{n} x_i \sum_{i=1}^{n} y_i + b_1 \left(\sum_{i=1}^{n} x_i \right)^2 - n b_1 \sum_{i=1}^{n} x_i^2 = 0$$

b_1 でくくって両辺を整理して、

$$b_1\left\{n\sum_{i=1}^{n}x_i^2-\left(\sum_{i=1}^{n}x_i\right)^2\right\}=n\sum_{i=1}^{n}y_ix_i-\sum_{i=1}^{n}x_i\sum_{i=1}^{n}y_i$$

$$b_1=\frac{\sum_{i=1}^{n}y_ix_i-\frac{1}{n}\sum_{i=1}^{n}x_i\sum_{i=1}^{n}y_i}{\sum_{i=1}^{n}x_i^2-\frac{1}{n}\left(\sum_{i=1}^{n}x_i\right)^2} \quad \cdots\cdots\cdots(3.20)$$

となります。

ここで、式(3.20)の分子は式(3.3)でしめした x_i と y_i の積和：S_{xy} です。同様に分母は説明変数の偏差平方和：S_x です。したがって、式(3.20)は、$b_1=\frac{S_{xy}}{S_x}$ となり、式(3.6)が導かれました。

つづいて、式(3.19)を変形すると、

$$b_0=\frac{\sum_{i=1}^{n}y_i-b_1\sum_{i=1}^{n}x_i}{n}=\frac{\sum_{i=1}^{n}y_i}{n}-\frac{b_1\sum_{i=1}^{n}x_i}{n}$$

となりますが、最右辺第1項は y_i の平均：$\bar{y}$ にほかなりません。同様に第2項の b_1 を除いた部分は x_1 の平均：$\bar{x}$ にほかなりません。つまり、回帰直線の y 切片である b_0 は $b_0=\bar{y}-b_1\bar{x}$ となり式(3.7)が導かれました。

3・4　寄与率―回帰分析結果のあてはまりのよさをあらわす指標

回帰分析では、相関の相関係数：r と同じように、2系統のデータ間で求めた回帰分析結果である回帰式が、現実のデータにどの程度あてはまるのか、をあらわす指標があります。これが寄与率：R^2 です。R^2 は0から1の間の値をとり、1に近いほどデータ群に対する回帰式のあてはまりがよいことをあらわします。実は、寄与率：R^2 の平方根が相関係数：r になります。

ここから、寄与率：R^2 を求めるための式を導きますが、こちらもかなり煩雑な内容ですから、結論として得られる式(3.30)と**図3・8**の関係だけを覚え

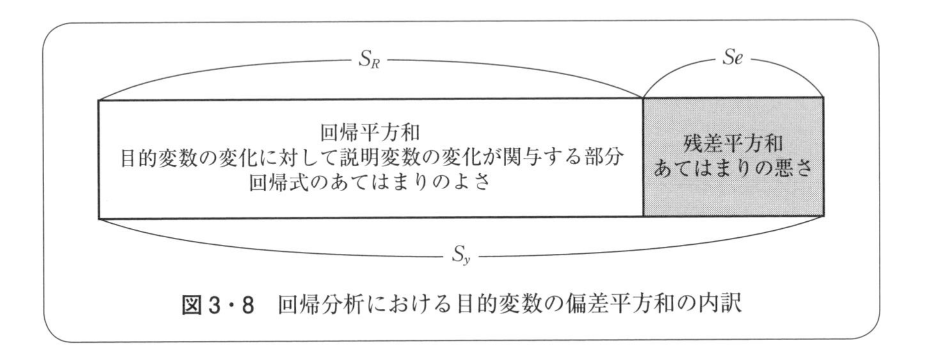

図３・８　回帰分析における目的変数の偏差平方和の内訳

ておけば十分です。

《目的変数の偏差平方和はなにを意味するのか》

説明変数：x_i と目的変数：y_i という２系統 n 対のデータがあります。ここで、y_i について考えてみます。y_i の偏差平方和：S_y は、目的変数のデータ群内におけるばらつきの総量の２乗情報になります。

$$S_y=\sum_{i=1}^{n}(y_i-\bar{y})^2 \quad \cdots\cdots\cdots(3.21)$$

ここで、説明変数が x_i のときに回帰式で得られる説明変数の推定値の $\hat{y}_i$ と平均：$\bar{y}$ の距離の２乗の総和を S_R とすると、

$$S_R=\sum_{i=1}^{n}(\hat{y}_i-\bar{y})^2 \quad \cdots\cdots\cdots(3.22)$$

のように記述できます。

また、実際の説明変数の値である y_i と推定値：$\hat{y}_i$ の差である残差を２乗して総和した結果を Se とすると、

$$Se=\sum_{i=1}^{n}e_i^2=\sum_{i=1}^{n}(y_i-\hat{y}_i)^2 \quad \cdots\cdots\cdots(3.23)$$

になります。式(3.22)と式(3.23)を展開したときには、$\sum_{i=1}^{n}\hat{y}_i^2$ と $\sum_{i=1}^{n}y_i\hat{y}_i$、および $\sum_{i=1}^{n}\hat{y}_i$ という項がでてきますから、これらを先に整理しておきます。なお、

数式展開の各所で、

$$b_0=\bar{y}-b_1\bar{x} \quad \cdots\cdots\cdots(3.7：再掲載)$$

を使います。

$$\sum_{i=1}^{n}\hat{y}_i^2=\sum_{i=1}^{n}(b_1x_i+b_0)^2=b_1^2\sum_{i=1}^{n}x_i^2+2b_0b_1\sum_{i=1}^{n}x_i+nb_0^2$$

$$=b_1^2\sum_{i=1}^{n}x_i^2+2b_0b_1n\bar{x}+nb_0^2$$

$$=b_1^2\sum_{i=1}^{n}x_i^2+2nb_1\bar{x}(\bar{y}-b_1\bar{x})+n(\bar{y}-b_1\bar{x})^2$$

$$=b_1^2\sum_{i=1}^{n}x_i^2-nb_1^2\bar{x}^2+n\bar{y}^2=b_1^2S_x+n\bar{y}^2$$

になります。したがって、

$$\sum_{i=1}^{n}\hat{y}_i^2=\frac{S_{xy}^2}{S_x}+n\bar{y}^2 \quad \cdots\cdots\cdots(3.24)$$

という式が導かれます。

また、

$$\sum_{i=1}^{n}y_i\hat{y}_i=\sum_{i=1}^{n}y_i(b_1x_i+b_0)=\sum_{i=1}^{n}b_1x_iy_i+\sum_{i=1}^{n}b_0y_i=b_1\sum_{i=1}^{n}x_iy_i+nb_0\bar{y}$$

$$=b_1\sum_{i=1}^{n}x_iy_i+n(\bar{y}-b_1\bar{x})\bar{y}=b_1\sum_{i=1}^{n}x_iy_i-nb_1\bar{x}\bar{y}+n\bar{y}^2=b_1S_{xy}+n\bar{y}^2$$

となって、

$$\sum_{i=1}^{n}y_i\hat{y}_i=\frac{S_{xy}^2}{S_x}+n\bar{y}^2 \quad \cdots\cdots\cdots(3.25)$$

が得られます。

式(3.24)と式(3.25)は同じものですから、

$$\sum_{i=1}^{n}y_i\hat{y}_i=\sum_{i=1}^{n}\hat{y}_i^2 \quad \cdots\cdots\cdots(3.26)$$

という関係になります。

そして、

$$\sum_{i=1}^{n}\hat{y}_i=\sum_{i=1}^{n}(b_1x_i+b_0)=b_1\sum_{i=1}^{n}x_i+nb_0=n(b_1\bar{x}+b_0)$$

となって、

$$\sum_{i=1}^{n}\hat{y}_i=n\bar{y} \qquad \cdots\cdots\cdots(3.27)$$

になります。

それではここで式(3.22)と式(3.23)をたしあわせてみます。

$$\begin{aligned}S_R+Se&=\sum_{i=1}^{n}(\hat{y}_i-\bar{y})^2+\sum_{i=1}^{n}(y_i-\hat{y}_i)^2\\&=\sum_{i=1}^{n}\hat{y}_i^2-2\bar{y}\sum_{i=1}^{n}\hat{y}_i+n\bar{y}^2+\sum_{i=1}^{n}y_i^2-2\sum_{i=1}^{n}y_i\hat{y}_i+\sum_{i=1}^{n}\hat{y}_i^2\\&=2\sum_{i=1}^{n}\hat{y}_i^2-2\bar{y}\sum_{i=1}^{n}\hat{y}_i+n\bar{y}^2+\sum_{i=1}^{n}y_i^2-2\sum_{i=1}^{n}y_i\hat{y}_i\\&=2\sum_{i=1}^{n}\hat{y}_i^2-2\sum_{i=1}^{n}y_i\hat{y}_i-2\bar{y}\sum_{i=1}^{n}\hat{y}_i+n\bar{y}^2+\sum_{i=1}^{n}y_i^2\end{aligned}$$

ここで第１項と第２項は式(3.26)よりゼロになります。また、第３項は式(3.27)の関係から $-2n\bar{y}^2$ となって第４項とあわせて $-n\bar{y}^2$ になります。その結果、

$$S_R+Se=\sum_{i=1}^{n}y_i^2-n\bar{y}^2=S_y \qquad \cdots\cdots\cdots(3.28)$$

となりました。

つまり、目的変数：y_i の偏差平方和：$S_y=\sum_{i=1}^{n}(y_i-\bar{y})^2$ は、$S_R=\sum_{i=1}^{n}(\bar{y}_i-\bar{y})^2$ と $Se=\sum_{i=1}^{n}(y_i-\bar{y}_i)^2$ に分解できることが確認できました。

図３・８にしめすように、S_R は回帰平方和と呼ばれ、x_i の変化が y_i の変化に関与する大きさをあらわしています。このように、S_R は回帰分析によって得られた回帰式のあてはまりのよさの指標になります。

一方、Se は残差平方和と呼ばれ、こちらはあてはまりの悪さをあらわします。このように、目的変数の偏差平方和：S_y は、回帰平方和と残差平方和の和に

なります。これを回帰における**『平方和の加法性』**といいます。

また、回帰分析では『自由度の加法性』も成立します。つまり、

$$f_y = f_R + f_e \quad \cdots\cdots\cdots (3.29)$$

という関係になります。

自由度の加法性において、データ数を n とすると、

$$f_y = n - 1$$

$$f_R = 1$$

になります。したがって、

$$f_e = n - 2$$

になります。前述のように回帰式を導くときに、$\sum_{i=1}^{n} e_i = 0$、および、$\sum_{i=1}^{n} x_i e_i = 0$ という関係を使っています。

この2つの制約条件があるため、残差の自由度がデータ数より2だけ小さくなります。

図3・8でしめしたように目的変数の偏差平方和は、回帰式のあてはまりのよさをあらわす回帰平方和と、あてはまりの悪さをあらわす残差平方和に分解されます。ここで、回帰式のあてはまりのよさを定量的にあらわすために、目的変数の偏差平方和のなかで回帰平方和が占める比率を考えます。この比率が寄与率：R^2 であり、式(3.30)で計算します。

$$R^2 = \frac{S_R}{S_y} \quad \cdots\cdots\cdots (3.30)$$

3・5　寄与率と相関係数の関係

前節の最初に寄与率：R^2 の平方根が相関係数：r になると紹介しましたが、式(3.30)の平方根をとっても r にはなりそうにもありません。そこで式(3.30)を展開していきます。ただし、こちらもかなり煩雑な計算工程の展開になりますから、結論として得られる式(3.32)の平方根が r になることだけを確認すれ

ば十分です。なお、数理の展開では、前節で導いたいくつかの数式を活用します。

まず、残差平方和：Se について調べます。

$$Se=\sum_{i=1}^{n}(y_i-\hat{y}_i)^2=\sum_{i=1}^{n}y_i^2-2\sum_{i=1}^{n}y_i\hat{y}_i+\sum_{i=1}^{n}\hat{y}_i^2$$

です。ここで、前節で導いた式(3.24)、(3.25)、(3.26)をまとめた、

$$\sum_{i=1}^{n}y_i\hat{y}_i=\sum_{i=1}^{n}\hat{y}_i^2=\frac{{S_{xy}}^2}{S_x}+n\bar{y}^2$$

という関係を使うと、

$$Se=\sum_{i=1}^{n}y_i^2-\sum_{i=1}^{n}\hat{y}_i^2=\sum_{i=1}^{n}y_i^2-\frac{{S_{xy}}^2}{S_x}-n\bar{y}^2=S_y-\frac{{S_{xy}}^2}{S_x}$$

が得られます。ここで式(3.28)の関係から、

$$S_R=S_y-Se=S_y-\left(S_y-\frac{{S_{xy}}^2}{S_x}\right)$$

となって、

$$S_R=\frac{{S_{xy}}^2}{S_x} \qquad \cdots\cdots\cdots(3.31)$$

が得られます。ここで式(3.30)から、

$$R^2=\frac{S_R}{S_y}=\frac{{S_{xy}}^2}{S_xS_y} \qquad \cdots\cdots\cdots(3.32)$$

という関係になります。

それでは、R^2 の正の平方根をとります。

$$\sqrt{R^2}=\frac{S_{xy}}{\sqrt{S_x}\sqrt{S_y}}=r$$

となって相関係数の計算式である式(3.4)が得られました。

相関係数：r は正の相関の場合は正の平方根、負の相関の場合は負の平方根を採用します。

3・6　Excelで行う回帰分析

《Excelで回帰分析用フォーマットを作る》

ここからの内容はダウンロードした【教材フォルダ.zip】のなかのファイル『第3章教材.xls』に完成見本として収録してあります。本文とあわせて活用していただき、理解を深めるためにお役立てください。

化学合成して得られるある薬品の収量と、投入する原料の質量の関係を実験によって調べたところ、**表3・2**のようになり、その散布図は**図3・9**のよう

表3・2　薬品収量と原料の関係

原料［kg］	製品［g］
1	136
2	288
3	488
4	584
5	816

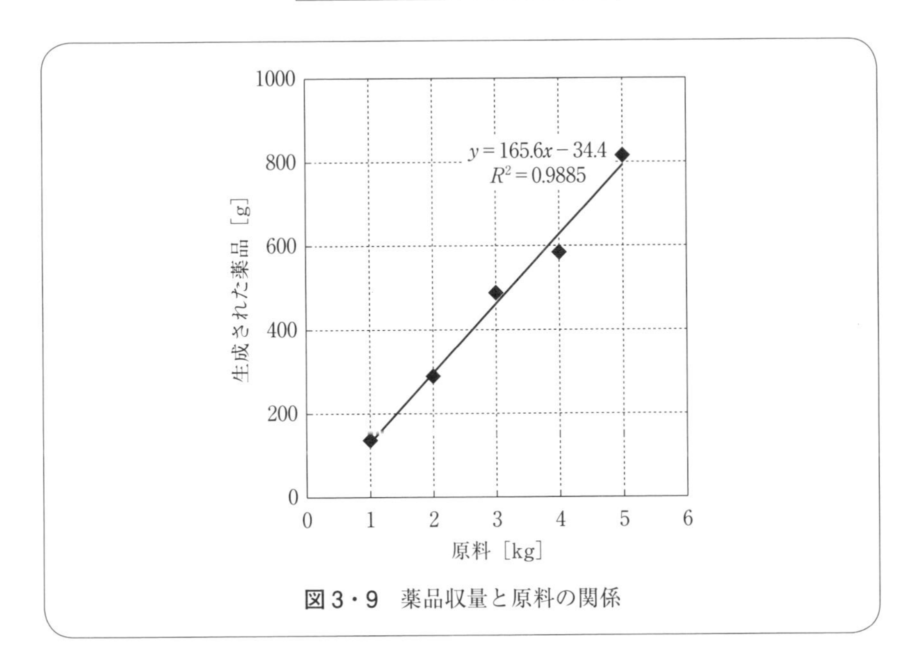

図3・9　薬品収量と原料の関係

表３・３　回帰分析を行うための Excel シートづくり

	B	C	D	E	F	G
2	b_0=		S_T=			
3	b_1=		S_R=			
4	R^2=		Se=			
5		原料〔kg〕	薬品〔g〕	計算過程の情報		
6		x	y	x^2	y^2	xy
7	偏差平方和：S					
8	平均					
9	合計					
10		1	136			
11		2	288			
12		3	488			
13		4	584			
14		5	816			

になりました。この結果に対して回帰分析をしてほしいと、実験を行った担当者から皆さんが解析の依頼を受けたとして、回帰分析の進め方を解説していきます。

この実験の目的は、入力は投入した原料の質量、出力は得られた薬品の収量として、実験で使った実験装置という変換システムの評価です。

まず、回帰直線の傾き：b_1 と y 切片：b_0 を計算します。必要になる統計量は説明変数（投入する原料の質量）の平均：$\bar{x}$、偏差平方和：S_x、目的変数（得られる薬品の収量）の平均：$\bar{y}$、そして、積和：S_{xy} です。表３・２のデータを**表３・３**のような Excel シートを作って展開します。

この表３・３のように、データ系列の上に統計量や回帰分析結果を配置することで、データ数が膨大に存在するときの見やすさが確保され、また、データが追加されたときでも簡単に対応することが可能になります。

《データを使って回帰分析の下ごしらえをする》

それでは、**表３・４**に回帰分析の計算工程を解説する表をしめします。表中

表3・4　計算工程解説用　回帰分析実施シート

	B	C	D	E	F	G
2	b_0=		S_T=			
3	b_1=		S_R=			
4	R^2=		Se=			
5		原料〔kg〕	薬品〔g〕	計算過程の情報		
6		x	y	x^2	y^2	xy
7	偏差平方和：S	ル	ヲ			ワ
8	平均	ロ	ニ			
9	合計	イ	ハ	チ	リ	ヌ
10		1	136			
11		2	288			
12		3	488	ホ	ヘ	ト
13		4	584			
14		5	816			

のイロハ順に、その意味と入力する内容を説明します。

イ）説明変数（投入する原料の質量）の合計を計算するセル（C9）です。Excelでは同列、または、同行の複数のセルの数値を合計する関数：=SUM(　)があるのでこれを使います。セル（C9）に【=SUM(C10：C14)】と記入します。ただし、【　】は記入しません。すると5個の説明変数を合計した値として“15”が返されます。

ロ）説明変数の平均を計算するセル（C8）です。平均を計算する方法はいろいろあります。イ）で合計が求まっているのでデータ数の“5”で割る方法があります。【=C9/5】と記入します。もう少し汎用性をもたせるためには、データ数の“5”ではなく、数値データが何個あるのかを返す関数：COUNT(　)を使う方法があります。【=C9/COUNT(C10：C14)】と記入します。データ数が多い場合や、データが追加される可能性がある場合、“COUNT(　)”を使ったほうがまちがいにくくなり、汎用性が高くなります。

または、平均を直接返す関数：AVERAGE(　)も使えます。この関数を使うときは【=AVERAGE(C10：C14)】と記入します。

ハ)、ニ）目的変数の合計と平均を計算するセルです。イ)、ロ）と同じように処理をしてください。

ホ）説明変数の値を２乗して、同じ行に記入します。たとえば、セル（E10）には、【=C10^2】と記入します。すべての説明変数についてこの処理を行います。

ヘ）目的変数の値を２乗します。ホ）と同じ処理をしてください。

ト）対をなす説明変数と目的変数の積を計算します。たとえば、セル（G10）には、【=C10＊D10】と記入します。すべてのデータにこの処理を行います。

チ)、リ)、ヌ）説明変数、目的変数、説明変数と目的変数の積それぞれの合計を計算します。たとえば、セル（E9）には、【=SUM(E10：E14)】と記入します。

実はExcelには、あるデータ系列の値を２乗した結果の合計を返す関数：SUMSQ(　)が用意されています。この関数を使えばチ（E9）に直接【=SUMSQ(C10：C14)】、リ（F9）に【=SUMSQ(D10：D14)】と記入すれば、ホ)、ヘ）の工程は不要になります。

またSUMPRODUCT(　)という関数があります。これは、複数の配列について、同列、または、同行の値の積を計算し、その結果の合計を返す関数です。これを使えばヌ（G9）に直接、【SUMPRODUCT(C10：C14, D10：D14)】と記入すればト）の工程は省略できます。

ル）説明変数の偏差平方和：S_xを計算するセルです。偏差平方和は式(2.7)が原理となる式ですが、2・3節で説明したようにコンピュータを使う場合は、

$$S=\sum_{i=1}^{n} x_i^2-\frac{1}{n}\left(\sum_{i=1}^{n} x_i\right)^2 \qquad \cdots\cdots\cdots(2.9：再掲載)$$

を使います。セル（C7）に、【=E9−C9^2/5】と記入します。“5”の代わりに関数COUNT(　)を使うこともできます。

また、偏差平方和を直接返す関数：DEVSQ(　)も用意されていますからこれを使うこともできます。セル（C7）に直接、【=DEVSQ(C10：C14)】と記入してください。

ヲ）ル）と同じ処理をしてください。

ワ）積和：S_{xy}を計算します。3・1節でも説明しましたが、積和ということばから、対となるデータを掛けあわせた結果の合計、というイメージが浮かぶものと思いますが、そうではありません。対となるデータで、それぞれのデータの偏差（平均からの距離）を掛けあわせたものです。原理となる式は式(3.1)です。コンピュータで計算する場合は式(3.3)を使います。

セル（G7）に【＝G9－C9＊D9/5】と記入します。"5"の変わりにCOUNT(　)を使うこともできます（なお、本書では"*"を"＊"と表記します）。

残念ながら、Excelには積和を返す関数は存在しないようです。

以上で回帰分析を行うために必要な統計量の計算が完了し、下ごしらえが終わりました。ここまでの工程で**表3・5**のような結果が得られるはずです。

なお、これらの統計量を計算するにあたって、回帰分析に慣れていないときには、なるべくExcel関数を使わないで地道にセルに数式を打ちこんで計算をしたほうが、回帰分析を早く修得できるはずです。Excel関数を使って工程を省略するのは、回帰分析について十分に理解できてからにしたほうがよいでしょう。

表3・5　回帰分析　下ごしらえの完了

	B	C	D	E	F	G
2	b_0＝		S_T＝			
3	b_1＝		S_R＝			
4	R^2＝		Se＝			
5		原料〔kg〕	薬品〔g〕	計算過程の情報		
6		x	y	x^2	y^2	xy
7	偏差平方和：S	10	277427.2			1656
8	平均	3	462.4			
9	合計	15	2312	55	1346496	8592
10		1	136	1	18496	136
11		2	288	4	82944	576
12		3	488	9	238144	1464
13		4	584	16	341056	2336
14		5	816	25	665856	4080

《回帰分析を行う　回帰式を求める》

いよいよ、回帰分析を行います。まず、回帰直線の傾き：b_1 を求めます。

$$b_1=\frac{S_{xy}}{S_x} \quad \cdots\cdots\cdots(3.6：再掲載)$$

ですから、セル（C3）に【＝G7/C7】と記入してください。すると、“165.6”という結果が返されます。また、回帰直線の y 切片：b_0 は、

$$b_0=\bar{y}-b_1\bar{x} \quad \cdots\cdots\cdots(3.7：再掲載)$$

ですから、セル（C2）に【＝D8－C3＊C8】と記入してください。すると、“－34.4”という結果が返されます。これで、この事例の回帰式、

$$y=165.6x-34.4$$

が求まりました。この式で $x=1$ とすると、$y=131.2$ となります。つまり、原料１kgを投入することにより、得られる薬品の推定収量は131.2ｇになる、ということを意味しています。

《回帰分析を行う　平方和の分解と寄与率を計算する》

つづいて目的変数の平方和を回帰平方和と残差平方和に分解し、その結果をもとに寄与率：R^2 を計算します。

全体の平方和：S_T は目的変数の偏差平方和：S_y そのものですから、セル（E2）には【＝D7】と記入します。値は“277427.2”となります。

回帰平方和：S_R の原理となる式は式(3.22)ですが式(3.31)で簡単に計算できます。

$$S_R=\frac{{S_{xy}}^2}{S_x} \quad \cdots\cdots\cdots(3.31：再掲載)$$

セル（E3）に【＝G7^2/C7】と記入してください。“274233.6”という結果が返されます。

Se の原理式は式(3.23)ですが、平方和の加法性より、$Se=S_T-S_R$ で計算します。セル（E4）に【＝E2－E3】と記入します。すると、“3193.6”という値になります。

そして、寄与率：R^2 を計算しますが式(3.30)、または、式(3.32)のいずれか

表3・6　回帰分析の結果

	B	C	D	E	F	G
2	b_0=	−34.4	S_T=	277427.2		
3	b_1=	165.6	S_R=	274233.6		
4	R^2=	0.9885	Se=	3193.6		
5		原料〔kg〕	薬品〔g〕	計算過程の情報		
6		x	y	x^2	y^2	xy
7	偏差平方和：S	10	277427.2			1656
8	平均	3	462.4			
9	合計	15	2312	55	1346496	8592
10		1	136	1	18496	136
11		2	288	4	82944	576
12		3	488	9	238144	1464
13		4	584	16	341056	2336
14		5	816	25	665856	4080

を使います。

セル（C4）に【=E3/E2】あるいは【=G7^2/C7/D7】と記入します。すると、“0.9885”という値が得られます。

以上の工程が完了すると、**表3・6**のように回帰分析の結果が得られます。『第3章教材.xls』のシート「くり返しなし」に完成見本をしめしました。得られた結果をもとに、今後の技術活動の方針を決定します。

皆さんは、無事、実験を行った依頼者にこの回帰分析の結果を渡すことができそうです。

3・7　くり返しがあるときの回帰分析

《くり返しがあるデータを回帰分析するには》

早速、先ほどの回帰分析結果を実験担当者に渡したところ、衝撃の事実が判明しました。実験は、原料を投入する量の入力値1つに対して3回のくり返し実験を行っていて、受けとったデータは各入力値で得られた3つの収量データ

表3・7　実験データ

原料〔kg〕	薬品〔g〕	3データの平均
1	96.0	
1	120.0	
1	192.0	136.0
2	320.0	
2	304.0	
2	240.0	288.0
3	544.0	
3	512.0	
3	408.0	488.0
4	560.0	
4	520.0	
4	672.0	584.0
5	736.0	
5	800.0	
5	912.0	816.0

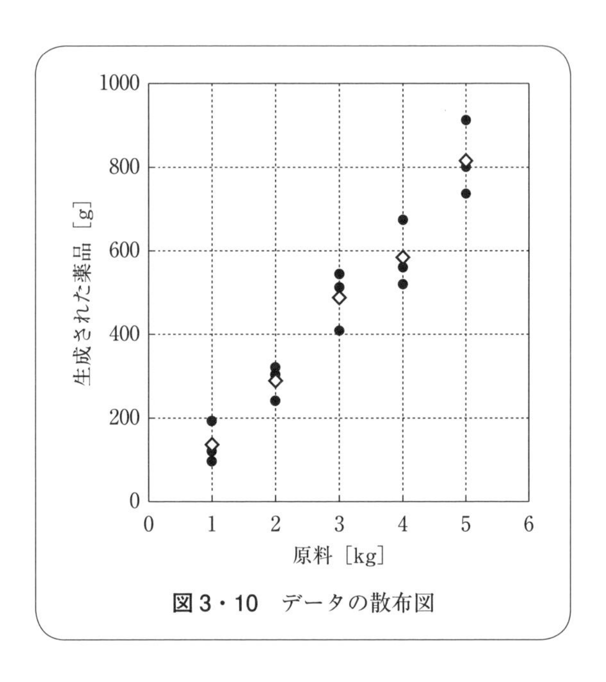

図3・10　データの散布図

表3・8　くり返しがあるときの回帰分析フォーマット

	B	C	D	E	F	G
2	$b_0=$		$S_T=$			
3	$b_1=$		$S_R=$			
4	$R^2=$		$Se=$			
5		原料〔kg〕	薬品〔g〕			
6		x	y			xy
7	偏差平方和					
8	平均					
9	合計					
10		1	96	120	192	
11		2	320	304	240	
12		3	544	512	408	
13		4	560	520	672	
14		5	736	800	912	

の平均だったというのです。ふだんから、「平均だけでモノゴトを語ってはだめだよ」と、口をすっぱくしていっていたのに…

実際のデータは**表 3・7** にしめす内容で、その散布図は**図 3・10** になります。散布図の●は実験データで、◇は各入力における 3 つのデータの平均をプロットしたものです。

1 つの入力値に対して複数のくり返しデータがある場合の回帰分析について説明します。くり返しがある場合、Excel シートは**表 3・8** のように作ると汎用性が高くなります。縦軸、横軸ともデータを追加できるようにしておくわけです。今回の解析では、積極的に Excel 関数を使っていきます。

《くり返しがあるデータの回帰分析の下ごしらえ》

まず、データの統計量を計算します。説明変数の合計のセル（C9）には【=SUM(C10：C14)*3】と記入します。今回、くり返して 3 回データを採集しているので、説明変数（原料の投入量）の値を単純に合計するだけではなく、くり返した分も説明変数の合計に加える必要があるからです。その結果 “45” という値が得られます。

説明変数の平均のセル（C8）には、【=AVERAGE(C10：C14)】と記入します。1～5 の間の同じ値が 3 回くり返したときの平均ですから、くり返しの回数は関係ありません。

説明変数の偏差平方和はセル（C7）に【=DEVSQ(C10：C14)*3】と記入します。偏差平方和もくり返しの 3 回分を合計します。その結果 “30” という値が得られます。

つぎに目的変数（薬品の収量）の合計は、セル（E9）に【=SUM(D10：F14)】と記入します。

セル（D10）からセル（F14）までの 5 行 3 列に配置された値を合計して “6936” という値が得られます。同様にセル（E8）には【=AVERAGE(D10：F14)】と記入すると “462.4” という値が得られます。

また、偏差平方和はセル（E7）に【=DEVSQ(D10：F14)】と記入します。その結果 “879257.6” という値が得られます。

表3・9　くり返しがあるデータの回帰分析の下ごしらえ

	B	C	D	E	F	G
2	b_0=		S_T=			
3	b_1=		S_R=			
4	R^2=		Se=			
5		原料〔kg〕	薬品〔g〕			
6		x	y			xy
7	偏差平方和	30	879257.6			4968
8	平均	3	462.4			
9	合計	45	6936.0			25776
10		1	96.0	120.0	192.0	408
11		2	320.0	304.0	240.0	1728
12		3	544.0	512.0	408.0	4392
13		4	560.0	520.0	672.0	7008
14		5	736.0	800.0	912.0	12240

つづいて積和：S_{xy}を求めるための工程に移ります。セル（G10）に【=C10*(D10+E10+F10)】と記入します。これで、原料が1kgのときに生産される薬品の収量を3回計測したときの説明変数と目的変数の積の合計“408”が得られます。原料の投入量ごとに同じ処理を行うと、“1728”、“4392”、“7008”、12240”が得られます。これらの合計を出力するように、セル（G9）に【=SUM(G10：G14)】と記入します。その結果、“25776”が得られます。

そして、積和S_{xy}はセル（G7）に【=G9−C9*E9/15】または、【=G9−C9*E9/COUNT(D10：F14)】と記入します。すると、“4968”という値が求まります。

以上でくり返しがある回帰分析に必要となる統計量が求まり、**表3・9**が得られて、下ごしらえが終わります。

《くり返しがあるデータの回帰分析の実施》

回帰直線の傾き：b_1とy切片：b_0を求めるために、セル（C3）に【=G7/C7】、セル（C2）に【=E8−C3*C8】と記入します。その結果、b_1=165.6、

表3・10　くり返しがあるときの回帰分析結果

	B	C	D	E	F	G
2	$b_0=$	−34.4	$S_T=$	879257.6		
3	$b_1=$	165.6	$S_R=$	822700.8		
4	$R^2=$	0.9357	$Se=$	56556.8		
5		原料〔kg〕	薬品〔g〕			
6		x	y			xy
7	偏差平方和	30	879257.6			4968
8	平均	3	462.4			
9	合計	45	6936.0			25776
10		1	96.0	120.0	192.0	408
11		2	320.0	304.0	240.0	1728
12		3	544.0	512.0	408.0	4392
13		4	560.0	520.0	672.0	7008
14		5	736.0	800.0	912.0	12240

$b_0=-34.4$という結果になります。

3・6節ではくり返し採集した3個のデータの平均に対して回帰分析を行いました。その結果が表3・6になります。今回くり返して計測したデータすべてに対して行った回帰式と比較してください。両者の傾き：b_1もy切片：b_0も同じ値になっています。これがくり返しがあるデータについての回帰分析にあらわれる1つの特徴になります。

つづいて、平方和と寄与率を計算します。

セル（E2）に【=E7】、セル（E3）に【=G7^2/C7】、セル（E4）に【=E2−E3】と記入します。また、セル（C4）に【=E3/E2】と記入します。

その結果、$S_T=879257.6$、$S_R=822700.8$、$Se=56556.8$、$R^2=0.9357$という結果が得られ、**表3・10**が完成しました。シート「くり返しあり」が完成見本です。

《くり返しデータ全体とその平均の回帰分析を比較する》

先ほど、くり返しデータ全体に対して行った回帰分析と、データの平均に対

表3・11　くり返しがあるデータとその平均に関する回帰分析　比較

	S_T	S_R	Se	R^2
平均	277427.2	274233.6	3193.6	0.9885
平均の3倍	832281.6	822700.8	9580.8	—
くり返し	879257.6	822700.8	56556.8	0.9357

して行った回帰分析で、回帰式の傾き、y 切片ともに同じ結果になることが確認できました。

それでは、平方和と寄与率について比較してみます。

まず、平均の分散分析結果と、そのもととなるくり返しがあるデータ全体について、平方和を単純に比較することはできません。そこで、平均の各平方和をくり返しの回数分、つまり、3倍する必要があります。**表3・11**に平均の平方和、その3倍の値、そして、平均のもととなったくり返しデータの平方和をまとめました。その結果、平均の3倍とくり返しデータの平方和を比較した場合、回帰平方和：S_R は同じ値になっています。しかし、S_T、Se ともに平均の3倍よりもくり返しデータのほうが大きな値になっています。当然、R^2 はくり返しデータのほうが悪化しています。

《システム機能に由来する残差と偶然誤差を分離する》

ここで、つぎのように考えてみます。

投入する原料を薬品に変換するシステムの機能の本質が、各投入量で得られる薬品収量の平均になる。そして、くり返しておこなった実験結果が偶然誤差の影響でばらついているとすると、平均の値だけで計算した残差平方和：Se は偶然誤差の影響を受けていない、システムの変換機能がもつ本質的なばらつきの大きさになる、と考えることができます。

そして、このばらつきの大きさが、システムの変換機能を回帰式として表現したときの推定値と現実との差、つまり、本質的な残差になります。回帰式であらわされる回帰直線とは、神のみぞ知るシステムの変換機能を実験データから想像した結果になります。

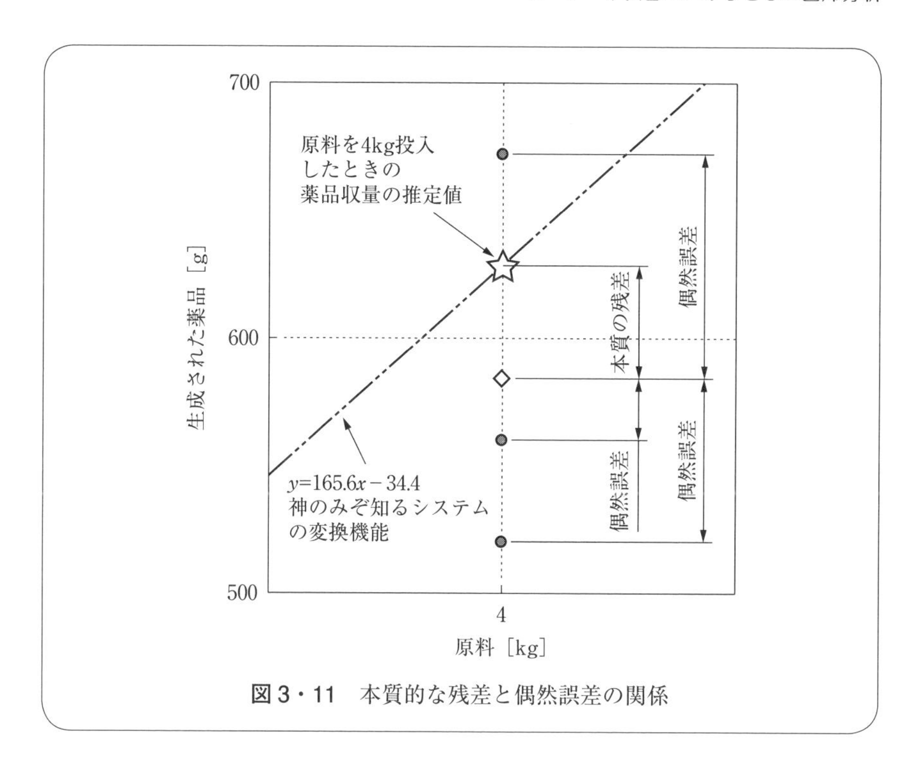

図3・11　本質的な残差と偶然誤差の関係

さて、3回くり返して得たデータに関する見かけ上の残差の平方和を Se_0、平均を3倍したときのシステムの変換機能に由来する本質的な残差の平方和の3倍を Se_1 としたとき、$Se_2=Se_0-Se_1$ という成分について考えてみます。$Se_2=Se_0-Se_1=56556.8-9580.8=46976$ という結果になります。

この値：Se_2 こそ、今回の実験で行った5(投入量の水準)×3(くり返し)＝15回の実験でこうむった偶然誤差による影響の2乗情報の総量になります。

説明変数の各水準で複数のくり返し実験を行うことで、回帰式のあてはめについて、システムの変換機能に由来した本質的な残差と、偶然誤差を分離することが可能になります。**図3・11** に原料投入量4kgでの本質的な残差と偶然誤差の関係をしめします。

《真値の推定値とくり返して得た複数の実験結果との関係》

2・6節の《分散はなぜ偏差平方和を（データ数－1）で割るのか？》で、複数のデータを得てそれらにばらつきがあった場合、本当に知りたいばらつきの情報はデータの平均に対するものではなく、神のみぞ知る真値に対するばらつきであることを説明しました。そのために、データの偏差平方和をデータ数で割る、つまり、偏差平方和の平均ではなく、(データ数−1) で割ることで、真値に対するばらつきの２乗情報になることを数学的に解説しました。

図３・11 をみてください。原料を４kg 投入したときの薬品収量について (520 g、560 g、672 g) という３つのデータがあります。そして、この３つのデータの平均は 584 g です。

また、神のみぞ知る、原料を４kg 投入したときに得られる薬品収量は、変換機能を推定している回帰直線上にあり、回帰式より 156.6×4−34.4＝628 g と推定されます。この 628 g と実験で得られたそれぞれのデータの差を“誤差”とします。そして、実験結果をもとに**表３・12** を作りました。

表３・12　原料４kg のときの薬品収量　実験データと回帰による推定値

平均：$\bar{x}$　584　　収量推定値 628			
	収量〔g〕	偏差の２乗	誤差の２乗
合計	1752	12416	18224
x_1	560	576	4624
x_2	520	4096	11664
x_3	672	7744	1936

私たちが本当に知りたいばらつきの２情報の総量は、表３・12 最右列の合計の“18224”です。この値には３つのデータが関与しているので、この値を３で割ると、神のみぞ知る４kg の原料を投入したときの薬品収量に対する母分散の推定値が得られます。その結果は 18224÷3＝6074.667 になります。

また、各データと平均の差である偏差の２乗の合計は、“12416”です。この値を (データ数−1) で割ると母分散の不偏推定値が得られる、というのが２・６節で解説した内容です。その結果は、12416÷2＝6208.0 となり、先ほど求めた母分散の推定値と近い値が得られました。これにより、偏差平方和を (データ数−1) で割ることで、神のみぞ知る母分散が推定できることが確認できました。

3・8　回帰式の信頼性を定量的に把握する

《回帰分析についてここまでをまとめる》

回帰分析の結果、回帰直線の傾き：b_1 と y 切片：b_0 が得られます。さらに、データに対する回帰式のあてはまりのよさを定量的にあらわす寄与率：R^2 も得られます。R^2 の源流は回帰平方和：S_R と残差平方和：Se、そして、両者の和である S_y という 3 つの 2 乗情報です。

これら 3 つの 2 乗情報とそれぞれの自由度を**表 3・13** のようにまとめます。自由度の加法性、平方和の加法性が成立すること、そして、平方和を自由度で割った結果が分散であることを再確認してください。

表 3・13　回帰分析の 2 乗情報をまとめる

回帰分析の 2 乗情報	自由度：f	平方和：S	分散：V
回帰 残差	1 $n-2$	S_R Se	$V_R=S_R$ $Ve=Se/(n-2)$
全体	$n-1$	S_T	

《表 3・13 のように実験結果をまとめる》

3 回くり返した実験結果の平均に対する回帰分析の結果である表 3・6 の 2 乗情報を表 3・13 の形式でまとめると、**表 3・14** が得られます。

表 3・14　平均に対する回帰分析の 2 乗情報のまとめ

回帰分析の 2 乗情報	自由度：f	平方和：S	分散：V
原料投入量の回帰 原料投入量の残差	1 3	274233.6 3193.6	274233.6 1064.5
全体	4	277427.2	

一方、3回くり返して採集した全データに対する回帰分析の結果である表3・10 の 2 乗情報を表 3・13 の形式でまとめたものが**表 3・15** です。

あてはまりの悪さは、本質的な残差と偶然誤差にわけてしめします。

このとき、自由度の概念が少し複雑になります。

表3・15　くり返しがあるデータに対する回帰分析の2乗情報まとめ

回帰分析の2乗情報	自由度：f	平方和：S	分散：V
原料投入量	14−10=④		
回帰部分	1	822700.8	822700.8
残差	④−1=3	9580.8	3193.6
偶然誤差	10	46976.0	4697.6
全体	14	879257.6	

全体で5×3=15個のデータがあるので、全体の自由度は15−1=14になります。

偶然誤差の自由度については、つぎのように考えます。図3・11には原料を4 kg投入したときの3つの実験結果と平均がプロットされています。3つの実験結果は偶然誤差によってばらついた結果です。その結果、原料を4 kg投入したときの自由度は3−1=2です。各投入量とも3回くり返しているので、原料の投入量1〜5 kgそれぞれにつき自由度は2になります。したがって、5×2=10が偶然誤差の自由度になります。

今回の実験で目的変数である薬品の収量の変化に影響を与える要因は説明変数の原料の投入量です。目的変数に変化を与える要因を“変動因”といいます。

変動因の自由度は、自由度の加法性から、全体の自由度−偶然誤差の自由度で計算できます。つまり、14−10=4になります。

この自由度“4”の内訳は、表3・14のときと同様に回帰部分の自由度“1”と残差の自由度に分解されます。残差の自由度は4−1=3になります。

表3・10のデータを抜粋します。全体の平方和：S_T=879257.6、S_R=822700.8です。また、Se=56556.8となっていますが、この値にはシステムの変換機能に由来する本質的な残差平方和：Se_1と偶然誤差の平方和：Se_2が含まれています。

Se_1は投入する原料の5水準それぞれでの平均に対して回帰分析を行った結果の残差、つまり表3・14にある3193.6に、くり返し回数である3を掛けた結果になり3193.6×3=9580.8です。この値が変動因の残差の平方和：Se_1になります。そして、偶然誤差の平方和は、$Se_2=Se-Se_1$=56556.8−9580.8=46976.0になります。

そして、それぞれの平方和を自由度で割ると分散が得られます。

以上が表3・15に記載されている内容の説明です。

表3・15では原料投入量が薬品収量に及ぼす効果を、原料投入量の回帰部分としてあらわしています。そして、計算された分散は822700.8という値です。一方、分離された純粋な偶然誤差の分散は4697.6です。偶然誤差の分散に対して回帰の分散は、

$$822700.8 \div 4697.6 = 175.132 \text{倍}$$

になっています。この結果をみると原料投入量が薬品収量に及ぼす効果は偶然の範疇をはるかに超えていると考えることができそうですが。

統計学を使えば、この判断を定量的に行うことができます。それが次章で解説する検定という手法です。

第4章

検　　定

4・1　統計解析の結果から定量的基準に基づいた判断をするために

多くの人が統計学の勉強を挫折する原因の1つが“検定”です。検定の考え方に違和感を覚えて拒絶反応をしめしてしまうからです。しかし、採集したデータを解析し、その情報をもとに検定を行うと、確率論に裏打ちされた信頼性の高い結論を導きだすことができます。この結論をもとに的確な判断をくだすことができるので、自信をもって事後の活動を進めていくことができるようになります。

本章では、検定を進めるうえで生じる違和感をなるべく解消できるように解説を進めていきます。

《検定とは》

神のみぞ知る母集団の性質や特性に関する真の姿に対して、事前に想像した姿が正しいか否かを、母集団から採集したサンプルのデータを統計解析して、その結果に対して、統計学に基づいてしめされる確率をもとに判断する手法を**検定**といいます。

事前に想像した母集団の姿に対して仮説を立て、統計情報をもとにその仮説が正しいか否かを判断するのですが、この仮説の立て方に違和感を覚える方がとても多いようです。仮説の立て方と、なぜ、そのような思考をするのか、につきましては後ほど説明します。

検定には目的ごとにいくつかの手法があります。分散分析で使う検定は、F分布という分布を原理として検定を行うF検定という手法を使います。そのほか、z検定、t検定、χ^2（カイ2乗）検定などがあります。

まず、z検定について説明します。そして、多くの方が違和感を覚えてしまう仮説の立て方について、このz検定を例として解説します。

《z検定を行う》

2つの事象についてそれぞれの母平均や、母平均の差について違いがあるか否かの判断をするために、正規分布の性質が利用できます。2・4節で標準正規分布の性質について紹介しました。標準正規分布は平均：$\mu=0$、標準偏差：$\sigma=1$の正規分布で、横軸には$\sigma=1$の倍数をあらわすzという指標を使っています。そして、z軸上のaという値で2分される2つの領域の事象が生起する確率：Pは、**図4・1**のように一義的にきまることを紹介しました。この性質と中心極限定理を利用することで、2つの事象の母平均の値の違いや、母平均間の差の有無を判断するのがz検定です。

《平均の違いをどのように立証すればよいのか》

母平均：μ_A、母標準偏差：$n\sigma$という特性をもつ母集団Aがあります。また、

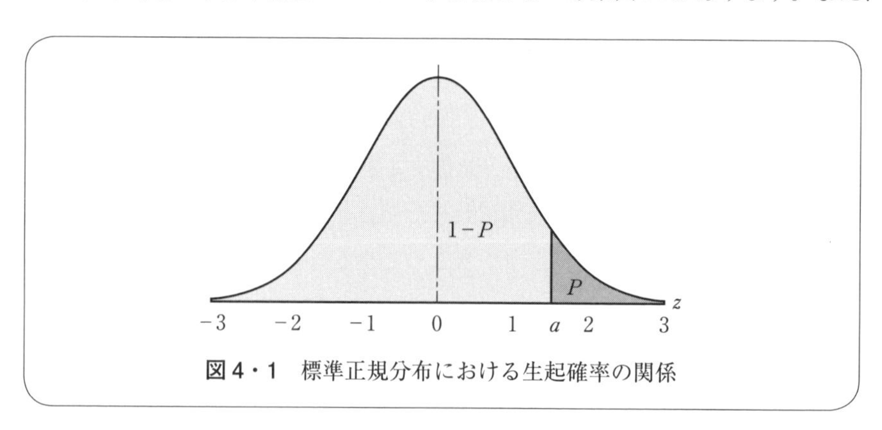

図4・1　標準正規分布における生起確率の関係

母平均：μ_B、母標準偏差：$n\sigma$という特性のもつ母集団Bがあります。両者の母標準偏差は$n\sigma$で同じだとします。ここで、$\mu_A<\mu_B$という説を立証したいとき、どうすればよいでしょうか。

まず、それぞれの母集団からn個ずつサンプルを取って特性を計測し、平均：$\bar{x}_A$と$\bar{x}_B$を求めます。これを多数くり返した場合、平均：$\bar{x}_A$は中心極限定理によって平均：μ_Aに近づき、その分布は標準偏差：σの正規分布にしたがいます。同様に$\bar{x}_B$は平均：μ_Bに近づき標準偏差：σの正規分布にしたがいます。両者の分布は**図4・2**のような関係になります。

ここで図4・2のようにμ_Bがμ_Aよりちょうど2σだけ大きかったとします。そして、それぞれの母集団からn個ずつのサンプルを取りだして、それらの平均：$\bar{x}_A$と$\bar{x}_B$を計算します。そのとき、多くの場合は$\bar{x}_A<\bar{x}_B$の関係になりますが、図4・2で2つの正規分布の曲線が交差している位置を境に、$\bar{x}_A>\bar{x}_B$という事象が発生することもあります。

図中の網掛け部分が両者同時に起こるときです。$\bar{x}_A$の分布でμ_Aから$+1\sigma$より大きい事象が生起する確率は、0.1587です。同様に$\bar{x}_B$の分布でμ_Bから-1σより小さい事象が生起する確率も同様に0.1587になります。これが同時に生起する確率は両者の積になり、0.0252（2.5％）になります。それぞれの

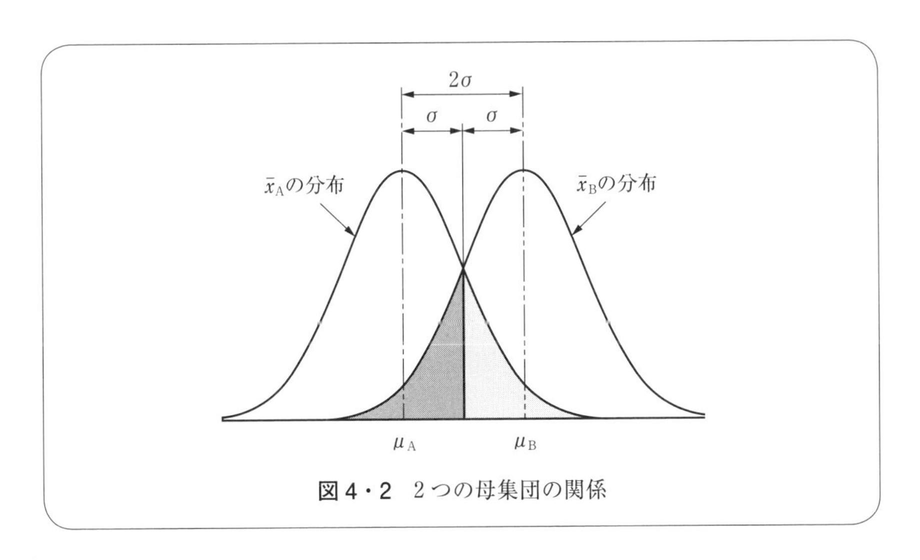

図4・2　2つの母集団の関係

母集団から n 個のサンプルを取りだして平均：$\bar{x}_A$ と $\bar{x}_B$ を計算する試行を数百回くり返し、$\bar{x}_A > \bar{x}_B$ となった回数が全体の 2.5 %以下であれば、$\mu_A < \mu_B$ で、かつ、$\mu_B - \mu_A \geqq 2\sigma$ という判断がくだせます。

しかし、私たちが調査の対象としているのは、実際に $\mu_A < \mu_B$ だとしても μ_B がどれだけ大きいのかはわからないのです。もし、わかっているのなら、このような検証をする必要はないわけですから。

4・2 検定の考え方と進め方

《z 検定による判断のしかた》

この例のように、$\mu_A < \mu_B$ という説を立証するために統計学の検定という手法を使うのですが、μ_B が μ_A よりもどれだけ大きいのかわからないわけですから、2.5 %という判断基準を決めることができません。両者の差がわずかだった場合、永遠に試行をくり返しても判断がつかないかもしれません。

そこで、z 検定ではある工夫がなされます。それは、$\mu_A < \mu_B$ という説を立証したいのですが、この説を立証しようとするのではなく、$\mu_A = \mu_B$ という仮説をたてます。そして、データを採集してこの仮説を否定することにより、$\mu_A \neq \mu_B$ を立証する、という工程で検定を進めます。$\mu_A = \mu_B$ という仮説ならば、$\bar{x}_A$、$\bar{x}_B$ のいずれかの値がもう一方よりも十分に大きい結果になったとき、これを否定することができます。十分大きいという判断のために、両者の差が標準偏差の何倍大きいのか、という検査をします。標準偏差の倍数：z がわかれば、その事象が生起する確率も自動的にきまります。その確率：p をもとに z の値を判断のしきい値として決めています。

統計学では $p=0.05$ や $p=0.01$ という確率を使います。標準正規分布の場合、$p \leqq 0.05$ となるときの値は $z < -1.645$、または、$z > 1.645$ のときです。これは、標準正規分布の片側（小さい側、または大きい側）を対象とした場合です。検定の対象としている 2 つの事象のうち、あきらかにいずれかが大きい、あるいは、小さいことを立証したいときに、この z の値を使います。このような検定を片側検定といいます。$p=0.01$ の場合は $z < -2.326$、または、$z > 2.326$ を使います。

事象の大小は関係なく、両者に違いがあるか否かを検定したい場合の検定を両側検定といいます。標準正規分布の小さい側と大きい側の事象が生起する確率の合計が、$p \leqq 0.05$ になるときの z の値は $z < -1.960$、または、$z < 1.960$ です。下側 2.5 %、上側 2.5 %になります。$p = 0.01$ の場合は $z < -2.576$、または、$z > 2.576$ になります。

《帰無仮説と対立仮説》

このように立証されることを期待している仮説を直接立証するのではなく、その仮説に対抗する仮説をたてて、これを否定することでもともと立証されることを期待している仮説の立証をこころみるのが検定です。

否定されるためにたてる仮説を統計的ゼロ仮説とか帰無仮説といいます。そして、もともと立証されることを期待している仮説を対立仮説といいます。

帰無仮説をあらわす記号として H_0 が使われます。たとえば、$H_0 : \mu_A = \mu_B$（帰無仮説は“μ_A と μ_B 等しい”）のように表記します。

帰無仮説が否定されず、対立仮説を採択できなかったとしても、対立仮説を否定することはできません。現段階では帰無仮説を否定するのに十分な情報が集まっていないだけなのかもしれないからです。現時点では、対立仮説を積極的に肯定することはできないけれども、今後もデータの採集を続けていけば帰無仮説が否定されて、対立仮説が採択される可能性もあるからです。

そのため、$\mu_A \neq \mu_B$ を立証するために $\mu_A = \mu_B$ という帰無仮説をたててデータを採集し検定をした結果、帰無仮説を否定できなかった場合でも、『$\mu_A = \mu_B$ である』という結論にはなりません。『$\mu_A \neq \mu_B$ とはいえない』という結論になります。

《過誤について》

帰無仮説が否定されて、対立仮説が採択されてもその仮説が絶対に正しい、というわけではありません。前述のように、統計学的に、ある確率をしきい値として判定しているからです。しきい値として $p = 0.05$ や $p = 0.01$ を採用していますが、この確率を有意水準といいます。

両側検定の場合、$z<-2.576$、または、$z>2.576$ になった場合、その事象が生起する確率は1％です。たとえば、z検定した結果が $z=2.6$ となると H_0：$\mu_A=\mu_B$ が否定されます。このとき、対立仮説の $\mu_A\neq\mu_B$ は「有意水準1％で有意」という表現で肯定されます。5％や1％を有意水準や危険率といいます。また、その補集合となる確率である95％や99％を信頼率や信頼度といいます。

当然、ある帰無仮説をたててそれが否定され、対立仮説が採択されたときであっても、実際にはその帰無仮説は正しく、対立仮説を肯定するべきではなかった、ということも起こりうるわけです。このような誤りを第1種の過誤といいます。また、それとは逆に実際には帰無仮説が正しくないのに、帰無仮説を否定することができず、対立仮説を肯定できないことも起こります。このような誤りを第2種の過誤といいます。

品質管理では、第1種の過誤は α、第2種の過誤は β という記号で表記します。第1種の過誤を“あわてものの誤り”、第2種の過誤を“うっかりものの誤り”と表現することもあります。

4・3　χ^2 分布と χ^2 検定

《検定の種類》

z検定のほかに、データ数が少ないときに母平均の差を検定するt検定があります。また、分散の大小を検定するための χ^2（カイ2乗）検定や、分散の比を使って母分散の大小を検定するための F 検定があります。いずれの検定も統計学で研究されたt分布、χ^2 分布、F 分布という分布をもとに有意水準5％や1％のときのしきい値を使って、帰無仮説を否定することで対立仮説を肯定する、という方法で行います。

分散分析では F 分布をもとにした F 検定を使います。F 検定を学習する前に χ^2 検定についての知識があったほうが、F 検定について理解しやすいので、χ^2 検定について少し説明をしておきます。

《χ^2 分布とはどのようなものか》

母分散が σ^2 の集団があります。ここから n 個のサンプルを取りだして標本の分散：s^2 を計算するとき、まず、平均：$\bar{x}$ を計算してから偏差平方和：S を求めるのが統計学の作法です。ここで、$\chi^2=S/\sigma^2$ という値を考えます。

標本データから計算された分散である s^2 と S の関係は、$s^2=S/(n-1)$ ですから、$\chi^2=s^2(n-1)/\sigma^2$ になります。このとき、s^2 の期待値：$E[s^2]$ は $E[s^2]=\sigma^2$ になりますから、χ^2 は（$n-1$）の近傍の値をとることが予想されます。

χ^2 は（$n-1$）の値が自由度になり、自由度によって分布の形態が変化します。自由度：f の χ^2 分布の平均は f と一致します。また、分散は $2f$ と一致します。

ところで、χ^2 分布の本質となる特性とはどのようなものでしょうか。ダウンロードで提供する教材のフォルダ【第4章】のなかに、『カイ2乗シミュレータ.xls』というExcelファイルがあります。こちらを開いてください。**図4・3**の画面が表示されます。この『カイ2乗シミュレータ.xls』では、自由度4の χ^2 分布の特性を検証できるようになっています。

シート「自由度4」のセル(B11)～セル(F50)の領域では、自由度4の χ^2 分布の理論曲線を描画するための計算を行っています。

I列には、平均：ゼロ、標準偏差：1の正規分布にしたがう乱数を生成します。

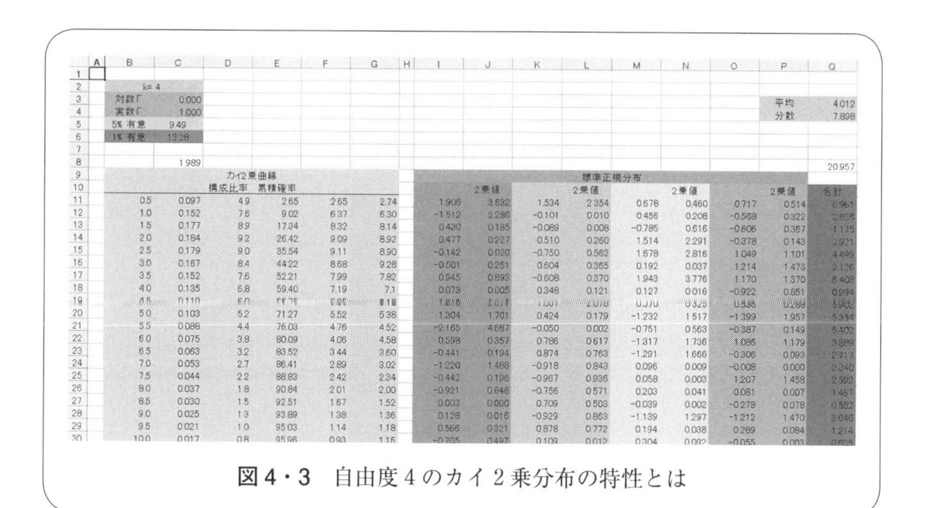

	A	B	C	D	E	F	G	H
1								
2		k= 4						
3		対数Γ	0.000					
4		実数Γ	1.000					
5		5% 有意	9.49					
6		1% 有意	13.28					
7								
8			1.989					
9				カイ2乗曲線				
10				構成比率	累積確率			
11		0.5	0.097	4.9	2.65	2.65	2.74	
12		1.0	0.152	7.6	9.02	6.37	6.30	
13		1.5	0.177	8.9	17.34	8.32	8.14	
14		2.0	0.184	9.2	26.42	9.09	8.92	
15		2.5	0.179	9.0	35.54	9.11	8.90	
16		3.0	0.167	8.4	44.22	8.68	9.28	
17		3.5	0.152	7.6	52.21	7.99	7.82	
18		4.0	0.135	6.8	59.40	7.19	7.1	
19		4.5	0.110	6.0	[illegible]	[illegible]	[illegible]	
20		5.0	0.103	5.2	71.27	5.52	5.38	
21		5.5	0.088	4.4	76.03	4.76	4.52	
22		6.0	0.075	3.8	80.09	4.06	4.58	
23		6.5	0.063	3.2	83.52	3.44	3.60	
24		7.0	0.053	2.7	86.41	2.89	3.02	
25		7.5	0.044	2.2	88.83	2.42	2.34	
26		8.0	0.037	1.8	90.84	2.01	2.00	
27		8.5	0.030	1.5	92.51	1.67	1.52	
28		9.0	0.025	1.3	93.89	1.38	1.36	
29		9.5	0.021	1.0	95.03	1.14	1.18	
30		10.0	0.017	0.8	95.96	0.93	1.16	

	I	J	K	L	M	N	O	P	Q
1									
2									
3								平均	4.012
4								分散	7.898
5									
6									
7									
8									20.957
9				標準正規分布					
10		2乗値		2乗値		2乗値		2乗値	合計
11	1.906	3.632	1.534	2.354	0.678	0.460	0.717	0.514	6.961
12	−1.512	2.286	−0.101	0.010	0.456	0.208	−0.568	0.322	2.826
13	0.430	0.185	−0.089	0.008	−0.785	0.616	−0.606	0.367	1.175
14	0.477	0.227	0.510	0.260	1.514	2.291	−0.378	0.143	2.921
15	−0.142	0.020	−0.750	0.562	1.678	2.816	1.049	1.101	4.499
16	−0.501	0.251	0.604	0.365	0.192	0.037	1.214	1.473	2.126
17	0.945	0.893	−0.608	0.370	1.943	3.776	1.170	1.370	6.408
18	0.073	0.005	0.348	0.121	0.127	0.016	−0.922	0.851	0.994
19	[illegible]	[illegible]	[illegible]	[illegible]	[illegible]	0.325	[illegible]	[illegible]	[illegible]
20	1.304	1.701	0.424	0.179	−1.232	1.517	−1.399	1.957	5.354
21	−2.165	4.687	−0.050	0.002	−0.751	0.563	−0.387	0.149	5.402
22	0.598	0.357	0.786	0.617	−1.317	1.736	1.086	1.179	3.889
23	−0.441	0.194	0.874	0.763	−1.291	1.666	−0.306	0.093	2.717
24	−1.220	1.488	−0.918	0.843	0.096	0.009	−0.008	0.000	2.340
25	−0.442	0.196	−0.967	0.936	0.058	0.003	1.207	1.458	2.592
26	−0.921	0.848	−0.756	0.571	0.203	0.041	0.081	0.007	1.467
27	0.003	0.000	0.709	0.503	−0.039	0.002	−0.278	0.078	0.582
28	0.128	0.016	−0.929	0.863	−1.139	1.297	−1.212	1.470	3.646
29	0.566	0.321	0.878	0.772	0.194	0.038	0.289	0.084	1.214
30	−0.705	0.497	0.109	0.012	0.304	0.092	−0.055	0.003	0.605

図4・3　自由度4のカイ2乗分布の特性とは

そして、その右横のＪ列には、Ｉ列の値の２乗した結果を表示しています。

同様の処理を、Ｋ、Ｌ列、Ｍ、Ｎ列、Ｏ、Ｐ列で行っています。そして、Ｑ列には正規分布にしたがう乱数を２乗した結果であるＪ、Ｌ、Ｎ、Ｐ列の行ごとの値を合計しています。これを5000組行っています。

画面を右にスクロールすると、**図4・4**のようなグラフがあります。このグラフには、自由度４のχ^2乗分布の理論曲線と、正規分布にしたがう変数の２乗値を４つたしあわせた結果である5000データの度数分布をピンクの●で表示しています。

キーボードの【F9】キーを押すたびに再計算され、グラフが更新されます。度数分布と理論曲線がほぼ一致することを確認してください。

また、Ｐ、Ｑ列の２行目、３行目は正規分布にしたがう変数の２乗値を４つたしあわせた結果の平均と分散です。平均が４（自由度と一致）、分散が８（自由度の２倍）のまわりの値を取ることを確認してください。

このようにχ^2分布とは正規分布にしたがう特性を２乗して、自由度分をたしあわせた結果がなす分布になります。

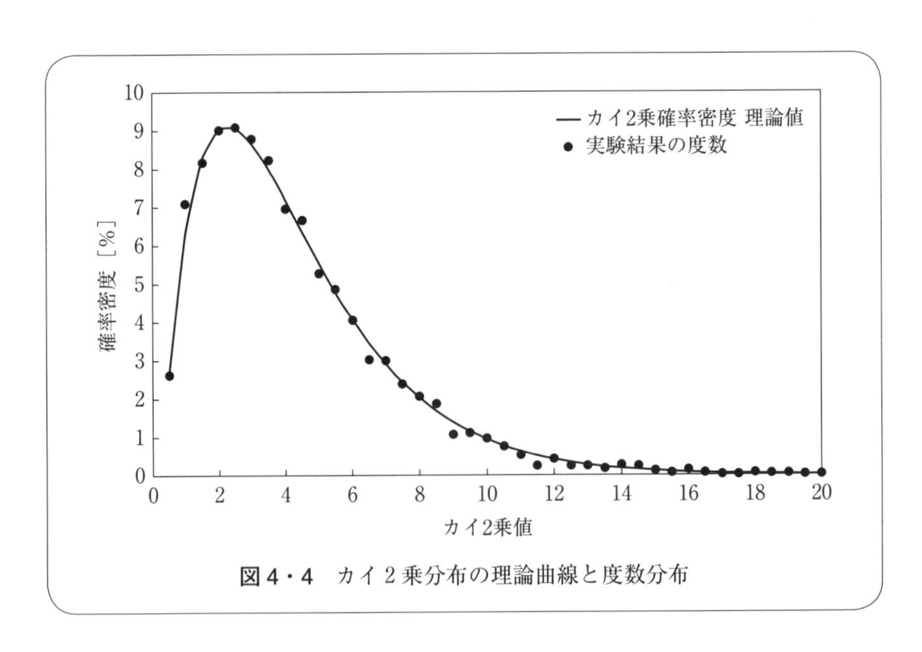

図4・4　カイ２乗分布の理論曲線と度数分布

《カイ２乗検定》

カイ２乗検定は２系統の情報について、一方の母分散が既知のときに他方の母分散が既知の母分散と違いがあるか否かを検証するために実施します。

図４・５は自由度 10 のカイ２乗分布の形態です。網掛けした領域が下側、上側それぞれの５％有意の領域で、そのときの χ^2 の値は下側が 3.940、上側が 18.307 です。

母分散が σ^2 であると思われる集団から 11 個のサンプルを取りだしてその特性を計測し、偏差平方和：S を計算します。そして、S を推定される σ^2 で割った値を $\chi_0{}^2$ とします。$\chi_0{}^2$ の０とは帰無仮説をあらわす H_0 のゼロを意味していて、仮説検証のために実際に得られたデータ群から求めた χ^2 であることをしめしています。

$$\chi_0{}^2 = S/\sigma^2\ (= s^2(n-1) = 10s^2) \qquad \cdots\cdots\cdots (4.1)$$

になります。

そして式(4.1)で計算した $\chi_0{}^2$ の値が、図４・５の網掛けしてある χ^2（下側）の領域の値になった場合、11 個のサンプルを取りだした集団の母分散は有意水準５％で σ^2 よりも小さいものと判断します。同様に、χ^2（上側）の領域の値になった場合、集団の母分散は σ^2 よりも大きいものと判断します。

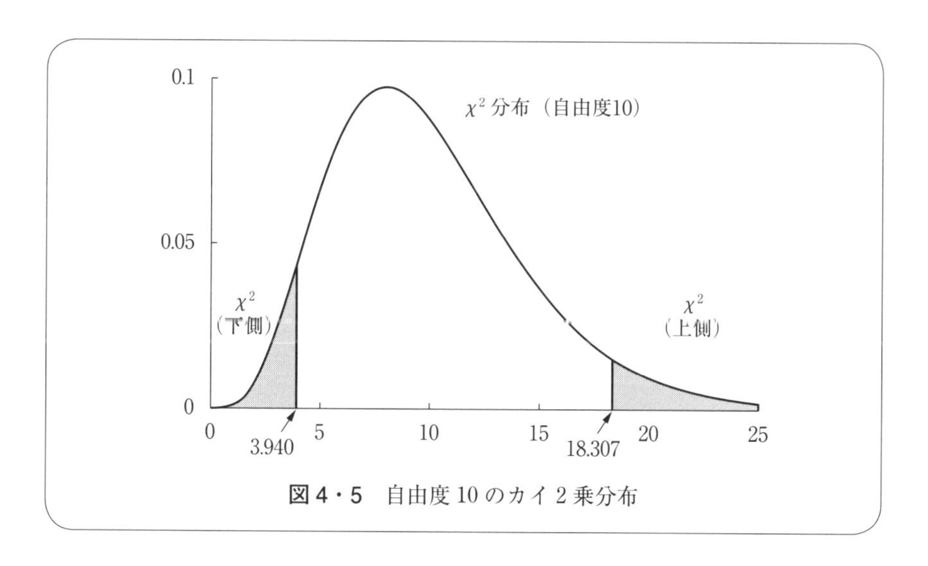

図４・５　自由度 10 のカイ２乗分布

《片側検定と両側検定》

このように母分散が σ^2 よりも大きい、または、小さいというずれかを立証することが目的で検定することを片側検定といいます。

一方、母分散が σ^2 よりも大きいか小さいかわからないけれども、とにかく母分散が σ^2 ではないことを立証することを目的としている場合、両側検定といって、上側と下側の確率を合計して5％になる上下それぞれ2.5％の2つの範囲についての検定を行います。

自由度10の場合、下側2.5％になる χ^2 の値は3.247になります。また、上側2.5％になる χ^2 は20.483になります。

それでは、検定のしかたをつぎの例で確認してください。

《カイ2検定の実際》

例1）　現在、機械部品用に加工している軸の長さの母標準偏差は $\sigma=0.2$ です。新しい加工方法に変えることでばらつきを小さくできるか確認するために、新しい加工方法でサンプルを11個作り、その寸法を計測して偏差平方和を計算したところ、$S=0.144$ でした。加工方法を変えることでばらつきは小さくできるでしょうか。

このような問題をカイ2乗検定によって判断する場合、まず、帰無仮説：H_0 として新しい加工方法の母分散を $\sigma_2{}^2$ として、

$$H_0：\sigma_2{}^2=0.2^2=0.04$$

を立てます。

つぎに、偏差平方和：S を $\sigma_2{}^2=0.2^2=0.04$ で割って $\chi_0{}^2$ の値を計算します。

$$\chi_0{}^2=0.144/0.04=3.6$$

となって、自由度10の片側（下側）5％の値（3.940）よりも小さくなります。

もし、加工方法を変更したときの分散が0.04だった場合、11個のサンプルで観測された χ^2 の値が3.940より小さくなることは、5％以下の確率になります。5％という確率は「めったに起きない」ことであり、「めったに起きない」ことが起きたということは、最初に立てた仮説が正しくない、と考えられます。

そのため、この仮説 $H_0 : \sigma_2{}^2 = 0.2^2 = 0.04$ は正しくないので、$\sigma_2{}^2 \neq 0.2^2$ という結論に帰着します。さらに、χ^2 分布の下側の領域で起こったことですから、$\sigma_2{}^2 < 0.2^2$ という結論が導かれて、新しい加工方法を採用するとばらつきを小さくできる、と判断できます。

ただし、カイ２乗検定では、$\sigma_2{}^2$ が 0.2^2 よりも十分に小さくないと、11個程度のサンプルでは精度高く検出できない場合もあります。

4・4　*F* 分布と *F* 検定

《*F* 分布について》

図4・6のように２つの母集団ＡとＢがあります。それぞれから n_A 個と n_B 個のサンプルを取りだします。$n_A \neq n_B$ でもかまいません。母集団Ａから取りだしたサンプル群Ａの平均が $\bar{x}_A$、分散が $s_A{}^2$ だったとき、$s_A{}^2/\sigma_A{}^2$ という統計量を考えます。

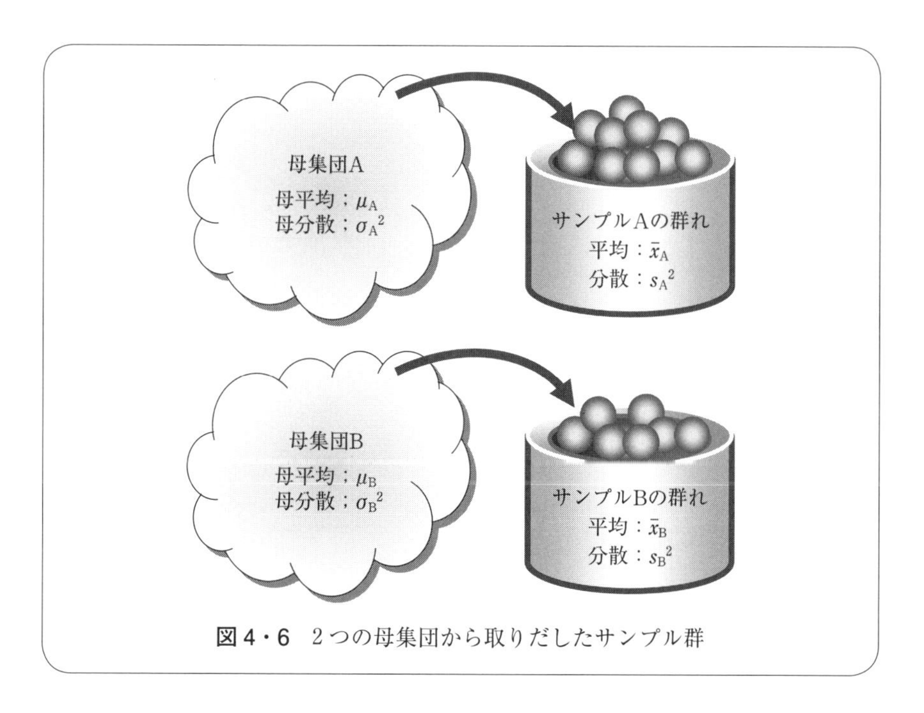

図4・6　２つの母集団から取りだしたサンプル群

このとき、$s_A{}^2$ は $\sigma_A{}^2$ の推定値ですから $s_A{}^2/\sigma_A{}^2 \fallingdotseq 1$ が予想され、この試行をくり返すと結果は“1”のまわりでばらついた値になりそうです。

母集団Bから取りだしたサンプル群Bについても同様に $s_B{}^2/\sigma_B{}^2 \fallingdotseq 1$ になり、試行をくり返すことによって“1”のまわりでばらついた結果が得られそうです。

ここであらたに、

$$F = \frac{s_A{}^2/\sigma_A{}^2}{s_B{}^2/\sigma_B{}^2} \quad \cdots\cdots\cdots(4.2)$$

という値を考えると、こちらも“1”に近い値をとり、試行をくり返すことによって F は“1”のまわりにばらついた結果が得られそうです。

$E[s_A{}^2] = \sigma_A{}^2$、$E[s_B{}^2] = \sigma_B{}^2$ のとき、F は試行ごとに異なる値をとり、ある分布にしたがいます。この結果が F 分布になります。F 分布の形態は2つの群の自由度：f_A と f_B できまります。

このとき、2つの母集団の母分散が等しい（$\sigma_A{}^2 = \sigma_B{}^2$）と仮定すると、$F = s_A{}^2/s_B{}^2$ になります。**図4・7**に $f_A = 10$、$f_B = 10$ の F 分布をしめします。

なお、教材のフォルダ【第4章】に任意の2つの自由度での F 分布をグラ

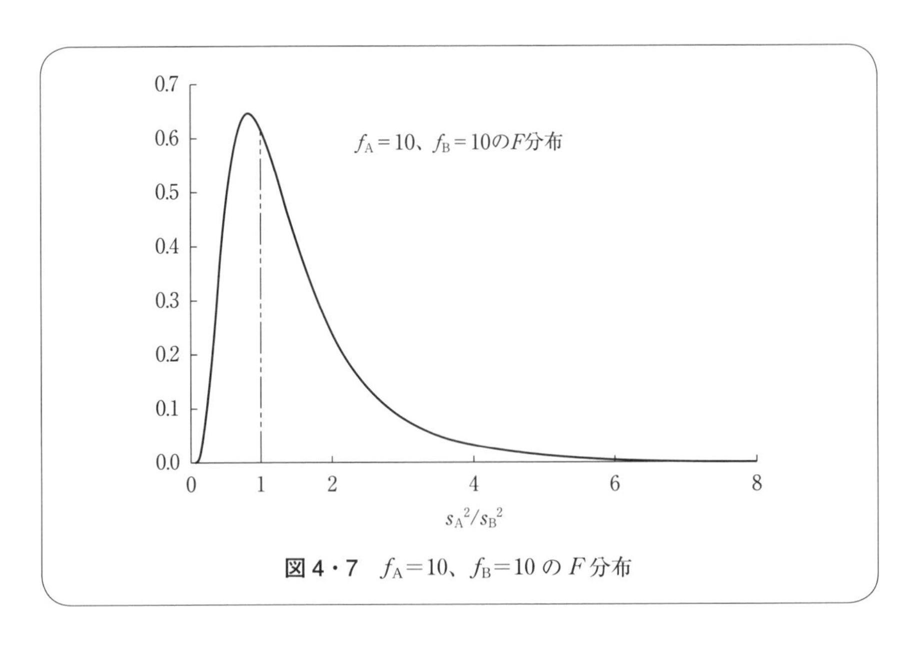

図4・7　$f_A = 10$、$f_B = 10$ の F 分布

フ化するツール『F 分布.xls』を用意しました。このファイルを開き、セル(D3)、(D4) に自由度の数値を入力すると、f_A＝“D3 の値”、f_B＝“D4” の値の F 分布の形状を確認することができます。

《F 検定を行う前に知っておきたいこと》

例 2) 4・3 節の例 1) で、現状の加工方法で製作した軸 11 個と、あらたな加工方法で製作した軸 11 個について寸法を計測し、統計解析したところ、現状の加工方法での分散が $s_A{}^2=0.040$、あらたな加工方法での分散が $s_B{}^2=0.016$ という結果が得られました。

このとき、あらたな加工方法は現状の加工方法よりもばらつきを小さくできるかどうかの判断をしてください。

F 検定はこのような問題を解決する手段として使います。

ここで Excel を使うことができなかった時代に F 検定についての制約を説明します。それは、$s_A{}^2/s_B{}^2$ を計算した結果が 1 以上でなければいけない、ということです。当時は F 検定を行うときに使う片側や両側の有意水準 1 %、5 %の値は F 表という統計学の資料を使う必要があったためです。**表 4・1** にしめした表は、F 表のごく一部です。

F 表のように、2 つの項目 (f_A と f_B) について両者の関連をあらわしている表です。表の上側に横方向に展開するように配置される情報が書きこまれている領域を“表頭”といいます。図 4・1 では、表頭は f_A の値になります。

表 4・1 上側確率 5 %の F 表

F 分布表 上側確率 5 %					
$\alpha=0.05$	自由度：f_A				
	1	2	3	4	5
自由度：f_B					
1	161.448	199.500	215.707	224.583	230.162
2	18.513	19.000	19.164	19.247	19.296
3	10.128	9.552	9.277	9.117	9.013
4	7.709	6.944	6.591	6.388	6.256
5	6.608	5.786	5.409	5.192	5.050

一方、もうひとつの項目が配置される、左側に縦方向に展開される情報が書きこまれている領域を“表側”といいます。図4・1では、表側はf_Bの値になります。

Fという特性は、AとBの2つの自由度、片側検定、両側検定それぞれについて2つの有意水準（1％と5％）によって決定されます。F表はこれらについてすべての組みあわせでF値という情報を提供する必要があり、それは膨大な量になります。

そして2群のサンプルから得られたそれぞれの分散の比：s_A^2/s_B^2は、1以上になることも1より小さくなることもあります。この組みあわせをF表に盛りこむと、さらに膨大な量の情報を記載しなければいけません。そのため、分散の比は1以上になるようにs_A^2とs_B^2でどちらを分母にするか決めてs_A^2/s_B^2、または、s_B^2/s_A^2を計算します。

そして、本来s_A^2/s_B^2を検定の目的としたかったのに、s_B^2/s_A^2を採用しなければいけない状況になったときには、F表に記載されているF値の逆数を使って検定しなければいけない、という煩雑な仕事をすることになっていました。

しかし、Excelを使えば、このような煩雑な仕事をしなくても、自動的にF値を計算してくれます。さらに、検定を有意水準の値で判定をするのではなく、p値という別の指標から判定することもできます。

p値については後ほど説明します。

《F検定の実際》

それでは本題にもどります。

例2）は、現状の分散が$s_A^2=0.04$、新たな加工方法での分散が$s_B^2=0.016$になったのであらたな加工方法のほうが軸の寸法のばらつきが小さくなる、といえるかを検定することが目的です。

そこで、帰無仮説を$H_0: \sigma_A^2=\sigma_B^2$とします。

そして、s_A^2/s_B^2を計算した結果が、$f_A=f_B=10$のときの片側検定における有意水準5％の値よりも大きくなれば統計的有意となり、H_0が否定され、$\sigma_A^2 \neq \sigma_B^2$となり、かつ、片側検定ですから$\sigma_A^2>\sigma_B^2$という結論になります。

それでは、F 検定を始めます。

$F_0 = s_A{}^2/s_B{}^2 = 0.04/0.016 = 2.5$ になります。たがいに自由度は 10 ですから、$f_A = f_B = 10$ のときの F 値を調べると 2.978 です。統計学では F の値は F（f_A、f_B、有意水準の確率）のように表記します。今回の事例では $F(10、10、0.05) = 2.978$ ということになります。

この結果、$F_0 = s_A{}^2/s_B{}^2 = 2.5$ は $F(10、10、0.05) = 2.978$ より小さいので有意水準 5 % では H_0 を否定できません。したがって、つぎの結論が導かれます。

「あらたな加工方法は現状の加工方法よりも、軸寸法のばらつきが小さくなるとはいえない。」

実験の結果ではあきらかに $s_A{}^2 > s_B{}^2$ になっていますが、11 個程度のサンプルのばらつきを評価した程度では帰無仮説を否定して対立仮説の「あらたな加工方法は現状の加工方法よりも軸寸法のばらつきが小さくなる」と、積極的に肯定するには情報が不足しているのです。

今後、実験を積みかさねてデータが増えていけば、帰無仮説を否定して対立仮説を肯定できることになるかもしれません。

当然のことながら、今回の帰無仮説が否定されたからといって、「あらたな加工方法も現在の加工方法も、軸寸法のばらつきは同等である」という結論にはなりません。

4・5　p 値という指標

《p 値の本質》

前節で、検定を有意水準の値で判定をするのではなく、p 値という別の指標から判定することもできます、と書きました。この節では、Excel を使えば簡単に得られる p 値というものについて説明します。

前節で 2 系統のデータの自由度がそれぞれ 10 のとき、有意水準 5 % での F 値は $F(10、10、0.05) = 2.978$ のように表記することを紹介しました。有意水準を 1 % とすると $F(10、10、0.01) = 4.849$ になります。

もし、前節の事例で $s_B{}^2 = 0.012$ だった場合、

$$F_0 = s_A^2/s_B^2 = 0.04/0.012 = 3.333$$

$$F(10、10、0.05) = 2.9782 < 3.333 < F(10、10、0.01) = 4.849$$

となって：$\sigma_A^2 > \sigma_B^2$ という対立仮説は有意水準５％で“有意”になります。しかし、有意水準１％では“有意”にはなりません。この $F_0 = 3.333$ という結果は１％と５％の区間のどのあたりに存在するのか、を示す指標がｐ値です。

Excel ではｐ値を返す関数があり、

【＝FDIST(F_0 の値，Ａの自由度，Ｂの自由度)】

とセルに記入すると確率としてｐ値を返します。この値を 100 倍すると“百分率：%”での表示になります。

Excel でのｐ値の計算は、F_0 が１以上という制約はありません。ちなみに、Excel で求めたｐ値は $F_0 = s_A^2/s_B^2 = 3.333$ のとき、

“＝FDIST(3.333, 10, 10)”＝0.035447≒3.54 ％

になり、１％と５％の間に存在していることが確認できます。

また、s_B^2/s_A^2 として F_0 の値を計算すると、その結果は 0.3（＝1/3.333）になります。そこで、【＝FDIST(0.3, 10, 10)】を Excel で求めると“0.964553”が得られます。先ほどの“0.035447”と合計すると、F 分布すべての領域の累積確率“1（＝0.035447＋0.964553)”になります。

《p 値の読みとき方》

得られたｐ値の値から情報を読みとこうとするとき、どうしてもその確率に目がいってしまい、その数値に意味を持たせたくなるのも人情です。しかし、ｐ値という確率の値は絶対的なものではありません。

F 検定は $\sigma_A^2 > \sigma_B^2$ というように差異があることを立証することを目的として実施するのですが、$\sigma_A^2 = \sigma_B^2$ という帰無仮説を立てて、これを否定することで対立仮説 $\sigma_A^2 > \sigma_B^2$ を立証します。

そして、$F_0 = s_A^2/s_B^2$ の値が大きくなるにしたがい、対立仮説が正しいという結論の方向に強化されていきます。

２系統の集団からそれぞれサンプルを取りだしてデータを取り、統計解析を行った結果、$s_A^2 \gg s_B^2$ になり、ｐ値が１％よりもはるかに小さい確率になった

とします。有意水準の１％や５％もそうですが、このｐ値という確率は、$\sigma_A{}^2 > \sigma_B{}^2$ が正しくない、という確率ではありません。

$\sigma_A{}^2 = \sigma_B{}^2$ であったとしても、$s_A{}^2/s_B{}^2$ がこの値になるときの確率をあらわしています。

本書では、分散分析を Excel で実施することを前提に説明します。Excel の関数を使ってｐ値を求め、これを積極的に活用します。本節でも書いていますが、ｐ値を求める関数については、第５章以降で充分に解説します。

以上が検定という統計学の手法の解説になります。

第5章

分散分析

5・1　分散分析を実施する

《1元配置法とくり返しがない2元配置法について》

実験計画法や分散分析ということばが入っている書籍の多くは、『1元配置法』、『くり返しがない2元配置法』、『くり返しがある2元配置法』というながれで解説が進みます。Microsoft社のExcelには分析ツールというデータ処理機能が実装されています。そのなかにも、"1元配置"、"くり返しのない2元配置"、"くり返しのある2元配置"という3つの分散分析を実行する機能が実装されています。しかし、本書では『1元配置法』と『くり返しがない2元配置法』について、解説はしません。

その理由を述べる前に、分散分析の目的について、再確認しておきます。

私たちが調査や研究の対象としているモノゴトの多くは、複数の要因が関与して、そのふるまいを支配しているという事実があります。また、それら要因の関与には要因間の交互作用が存在する可能性がおおいにあります。

したがって、同時に複数の要因を実験の因子として取りあげて実験し、各因子がモノゴトのふるまいにどの程度関与し、支配に寄与しているのか、を調べる必要があります。これが分散分析の第1の目的になります。

そして、因子として採用した要因の選択肢間で、結果に及ぼす影響や効果に違いがあったとき、その違いが選択肢の違いによる必然的なものか、それとも偶然誤差の範疇かという判断をすることが第２の目的です。この判断をするには、得られた複数の実験結果から偶然誤差を分離して、この偶然誤差と因子の水準効果を検定する必要があります。水準効果とは１・３節で述べたように、“ある因子について確認できた水準それぞれの、ふるまいに及ぼす影響や効果”のことです。

偶然誤差は同じ条件の実験結果のばらつきから求める必要があるので、同一条件のもとで複数回実験して、複数のデータを採集する必要があります。

したがって、くり返しがない２元配置実験は片手落ちな実験になります。

また、くり返してデータを採集したとしても、１元配置実験では、あまり良質な情報を得ることはできません。前述のように、ふるまいを支配する要因間に交互作用があるかもしれないからです。また、交互作用が小さかったとしても、因子の水準ごとの実験結果に偶然誤差が混入します。それならば、最初から複数の因子を同時に実験したほうが、偶然誤差による悪影響を小さくできるはずです。

本書では、**『くり返しがある多元配置』**こそ、もっとも得られる情報の信頼性が高く、能率的で有効な実験方法として提案し、これについて丁寧に解説します。

《分散分析のための完備型実験》

１・３節で説明したように、実験に組みこむ複数の因子について、複数の水準を総あたりで組みあわせて行う実験を完備型実験といいます。

たとえば、２つの因子にそれぞれ３つずつの水準が準備されている場合、実験の組みあわせは３×３＝９通りになります。そして、それぞれの実験で少なくとも２回くり返してデータを採集する必要があります。そのため、因子やそれぞれの水準数が多くなると実験回数は膨大なものになります。

分散分析を実施するためには、完備型実験を行う必要があります。現在は、Excel などの表計算ソフトウェアを活用すれば、データの解析の負荷はそれほど大きくありません。しかし、多くの実験をして多数のデータを採集する労力と時間、コストは以前と代わりありません。この問題に対処するには、実験計画法を活用するしかありません。

筆者が最初に分散分析の効果を実感したのは、紙カードを搬送するゴムローラーの設計情報を収集するために行った実験データを解析したときでした。ゴムの材質や特性だけでなく、ローラーの寸法諸元が紙カードを搬送する特性に影響し、また、実験で使用する紙カードのわずかな厚さの違いや表面状態のばらつきの影響を受けて、再現性がよく安定的なデータを採集することがむずかしかったのですが、分散分析を実施することでゴムローラーの搬送特性に影響を及ぼすいろいろな因子のかかわりを、あきらかにすることができました。

それでは、完備型実験結果に対する分散分析の方法を、つぎのゴムローラーの事例で疑似体験してみてください。

5・2　2元配置実験の分散分析

《実験対象：カード搬送用ローラーの諸元の最適化》

紙カードを搬送する機構には、おもにゴムローラーを使います。

紙カード搬送機構は**図5・1**のように、モーターから動力が伝わり回転するゴムが巻かれた駆動ローラーと、それに対向させて従動ローラーを配しています。従動ローラーはバネで駆動ローラーを押しつけています。この2つのローラー間に紙カードが入ると、従動ローラーが駆動ローラーを押圧するため、紙カードと駆動ローラーに巻きつけられたゴムの間に摩擦力が発生して、ローラ

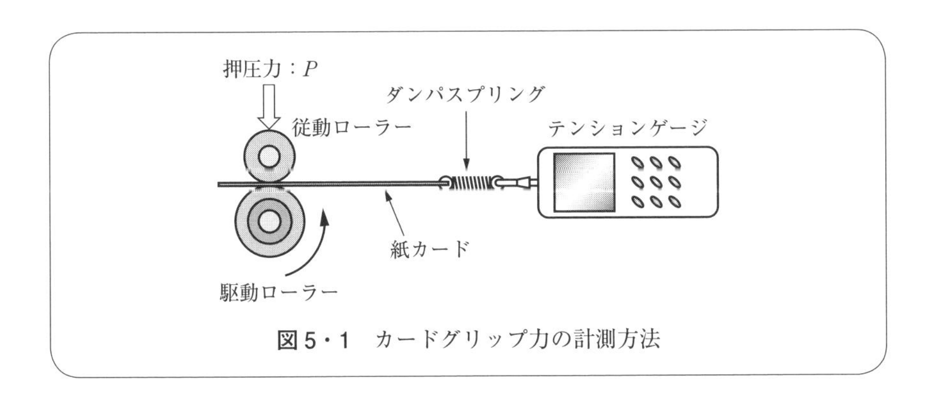

図5・1　カードグリップ力の計測方法

ーの回転する方向に紙カードが送られるしくみです。

この紙カード搬送機構に要求される特性は、紙カードと駆動ローラーがすべることなく確実に回転量に比例した距離だけカードを送ることです。

駆動ローラーのゴムと紙カードの摩擦力が大きければすべりにくくなるので、従動ローラーの押圧力を大きくしたいのですが、ローラーを担持している軸をささえる軸受などの負荷が大きくなってしまい、動力を大きくする必要があります。

なるべく動力を大きくしないで、駆動ローラーと紙カードとの摩擦力を大きくするために、駆動ローラーに巻かれているゴムの材質や硬度、そして、ローラーの寸法を最適化することを目的として実験を行いました。

図５･１のように、駆動ローラーと従動ローラーの間に紙カードをはさみ、ダンパスプリングを介してテンションゲージにつなげます。駆動ローラーをモーターの動力でまわすと紙カードが左方向に搬送されて、ダンパスプリングが伸びます。

スプリングの伸びに応じてテンションゲージで計測される張力が増加しますが、駆動ローラーに巻かれたゴムと紙カードの動摩擦力よりもダンパスプリングの張力が大きくなると、紙カードと駆動ローラーはすべりはじめます。

このとき、テンションゲージで計測された最大の張力を、グリップ力として計測します。カード搬送ローラーに要求される特性としては、グリップ力は大きいほどよい、ということになります。

ゴムと紙カードの摩擦係数には、ゴムの材質とゴムの硬度が大きく関与します。

従動ローラーに押圧されて、駆動ローラーに巻きつけられたゴムと紙カードの間には、互いに押圧力と等しい垂直効力が発生します。そして、この垂直効力に摩擦係数を掛けた値が理論上の摩擦力になります。

また、理論的には摩擦力の大きさは、接触面積とは無関係なのですが、現実的には、接触面積が大きいほうが接触面内の微小領域での摩擦係数のばらつきが平滑化されやすくなるので、摩擦力のばらつきも小さくなって、摩擦力は安定的になる、という経験則があります。

《2元配置実験の実施》

分散分析を行うには、因子と水準をすべて組みあわせた総あたりの完備型実験を行う必要があります。摩擦係数に大きく関与するゴムの材質と硬度について3水準ずつ選び、**図5・2**のような形状の駆動ローラーを9種類作り、ローラーごとに3回くり返してグリップ力を計測する実験を実施し、**表5・1**の結果を得ました。なお、グリップ力を計測するテンションゲージは、〔N〕単位で、小数点以下2桁まで計測できます。

この結果をもとに、材質とゴム硬度というそれぞれ3水準からなる2つの因子による完備型の2元配置実験の分散分析を実施します。

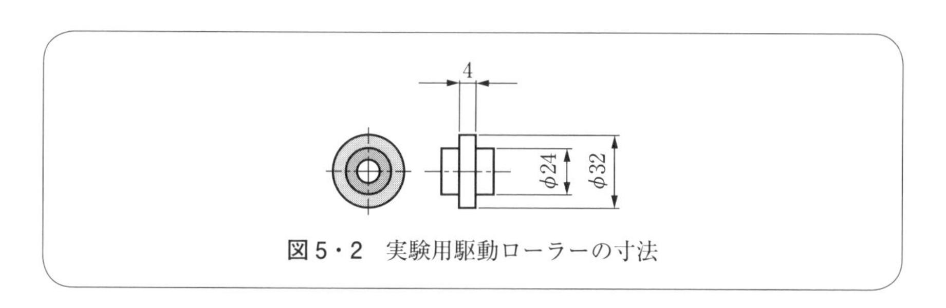

図5・2　実験用駆動ローラーの寸法

表5・1　駆動ローラーのグリップ力計測　実験結果

材質	ショア硬度	グリップ力〔N〕		
		1回目	2回目	3回目
α	70°	5.71	5.72	5.74
	80°	5.52	5.54	5.56
	90°	5.29	5.29	5.34
β	70°	5.71	5.76	5.93
	80°	5.56	5.56	5.67
	90°	5.00	4.99	4.94
γ	70°	5.89	5.71	5.63
	80°	5.76	5.49	5.47
	90°	5.41	5.28	5.24

《分散分析の準備　その1：各実験データの統計情報を求める》

まず、**表5・2**のようなExcelシートを作成します。そして、シートにデータを記入します。3・6節では、統計数理にそって、計算式を忠実にExcelシートに反映させましたが、今回は積極的にExcel関数を使って統計情報を計算させます。なお、シート内での配置は自由ですが、本書との整合性をもってまちがいを減らすために、できれば、これからの記述どおりに配置してください。【教材フォルダ.zip】のなかにファイル『第5章教材.xls』のシート「2元配置」を使っていただいても結構です。

F列は個々の実験のデータ数と、全体のデータ数の列になります。まず、セル（F5）に実験データ数を記入します。このとき、“3”という数値を直接記入してもよいのですが、選択範囲内の数値データ数を返す“COUNT(　)”関数を使ったほうが、拡張性が高まります。セル（F5）に【=COUNT(I5：K5)】と記入してください。なお、関数を囲っている【　】は記入しません。すると、“3”が表示されます。

E列は実験ごとに計測された3つのデータの平均と、全体平均の列になります。Excelで平均を計算する関数は“AVERAGE(　)”です。セル（E5）に

表5・2　2元配置実験結果の分散分析シートフォーマット

	B	C	D	E	F	G	H	I	J	K
2	自由度	偏差平方和	分散	平均	データ数	材質	硬度	グリップ力〔N〕		
3	f	S	V	m	n					
4						全データ		1回目	2回目	3回目
5		=DEVSQ(I5：K5)		=AVERAGE(I5：K5)			70°	5.71	5.72	5.74
6						α	80°	5.52	5.54	5.56
7							90°	5.29	5.29	5.34
8							70°	5.71	5.76	5.93
9						β	80°	5.56	5.56	5.67
10							90°	5.00	4.99	4.94
11							70°	5.89	5.71	5.63
12						γ	80°	5.76	5.49	5.47
13							90°	5.41	5.28	5.24

【=AVERAGE(I5 : K5)】と記入してください。すると、"5.723"と表示されます。

つぎに、B列に移ります。B列は実験ごとの自由度と全データの自由度を表示する列です。各実験のデータ数から1を引いた値です。セル（B5）に【=F5−1】と記入してください。すると、"2"と表示されます。

C列は個々の実験結果に関する偏差平方和と全体の偏差平方和を計算する列です。セル（C5）に【=DEVSQ(I5 : K5)】と記入してください。"DEVSQ(　)"関数は選択した領域内の数値データに関する偏差平方和を返すExcel関数です。この関数を使えば、個々の実験について、データの合計（"SUM"関数）やデータの2乗値の総和（"SUMSQ"関数）を使って偏差平方和を計算する必要はありません。

すると、"0.0005"程度の値が表示されます。Excelは自動でセル内に表示できる範囲で小数点以下の値を無意味に表示します。しかも、桁がそろうことがなく、見た目にわかりにくいので有効桁数や見やすさから、適当な桁数にまるめておいたほうがよいでしょう。

さて、ここで1つ重要な情報をお伝えします。2・5節では"分散の加法性"について説明しました。完備型実験のように、実験ごとのデータ数が同じであるとき、自由度も同じ値になります。偏差平方和を自由度で割った値が分散であり、分散には加法性が成立するので完備型実験を行ってデータが全部そろっているときには、偏差平方和にも加法性が成立します。また、3・4節で説明したように、自由度にも加法性が成立します。

それでは、D列に移ります。分散はほかの統計情報を求めたときと同様にExcel関数の"VAR(　)"関数を使ってもいいのですが、筆者は偏差平方和を自由度で割る計算工程を使っています。セル（D5）に、【=VAR(I5 : K5)】、または、【=C5/B5】と記入してください。すると、"0.0002"程度の値が表示されます。"VAR(　)"関数はExcelで偏差平方和を（データ数−1）で割って分散を計算する関数です。余談ですが、"VARP(　)"という関数も用意されていて、こちらは偏差平方和をデータ数で割った結果を返します。

この操作を実験ごとに行うのですが、今、関数を記入したセル（B5）から

表５・３　各実験の統計情報

	B	C	D	E	F	G	H	I	J	K
2 3	自由度 f	偏差平方和 S	分散 V	平均 m	データ数 n	材質	硬度	グリップ力〔N〕		
4						全データ		1回目	2回目	3回目
5	2	0.0005	0.0002	5.723	3	α	70°	5.71	5.72	5.74
6	2	0.0008	0.0004	5.540	3		80°	5.52	5.54	5.56
7	2	0.0017	0.0008	5.307	3		90°	5.29	5.29	5.34
8	2	0.0266	0.0133	5.800	3	β	70°	5.71	5.76	5.93
9	2	0.0081	0.0040	5.597	3		80°	5.56	5.56	5.67
10	2	0.0021	0.0010	4.977	3		90°	5.00	4.99	4.94
11	2	0.0355	0.0177	5.743	3	γ	70°	5.89	5.71	5.63
12	2	0.0525	0.0262	5.573	3		80°	5.76	5.49	5.47
13	2	0.0158	0.0079	5.310	3		90°	5.41	5.28	5.24

セル（F5）までをコピーして各実験の行にペースト（貼りつけ）すれば、すぐにすべての実験結果についての統計情報がえられます。

この結果、**表５・３**のようなシートになります。

《分散分析の準備　その２：実験データ全体の統計情報を求める》

ここまでの処理で実験結果の統計情報が得られたので、つぎは実験全体のデータについての統計情報を求めます。まず、セル（F4）にすべての実験のデータ数を表示するために、【=SUM(F5：F13)】と記入します。この結果“27”が得られます。【=COUNT(I5：K13)】でも同じ結果が得られます。

つぎに、全データの平均を求めるセル（E4）には、【=AVERAGE(I5：K13)】、または、【=AVERAGE(E5：E13)】と記入します。本来、複数の平均情報があるとき、全体平均として平均群の平均を計算してはいけません。というのは、複数の平均を計算したもととなるデータ数が平均ごとに異なっていると、正しい全体平均が求まらないからです。しかし、完備型の実験でデータがすべてそろっている場合にはデータ数が各実験とも同じですから、実験ごとのデータ平均の平均は全体平均になります。この結果、“5.508”と表示されま

表5・4　実験結果の統計情報

	B	C	D	E	F	G	H	I	J	K
2 3	自由度 f	偏差平方和 S	分散 V	平均 m	データ数 n	材質	硬度	グリップ力〔N〕		
4	26	1.8301	0.0704	5.508	27	全データ		1回目	2回目	3回目
5	2	0.0005	0.0002	5.723	3	α	70°	5.71	5.72	5.74
6	2	0.0008	0.0004	5.540	3		80°	5.52	5.54	5.56
7	2	0.0017	0.0008	5.307	3		90°	5.29	5.29	5.34
8	2	0.0266	0.0133	5.800	3	β	70°	5.71	5.76	5.93
9	2	0.0081	0.0040	5.597	3		80°	5.56	5.56	5.67
10	2	0.0021	0.0010	4.977	3		90°	5.00	4.99	4.94
11	2	0.0355	0.0177	5.743	3	γ	70°	5.89	5.71	5.63
12	2	0.0525	0.0262	5.573	3		80°	5.76	5.49	5.47
13	2	0.0158	0.0079	5.310	3		90°	5.41	5.28	5.24

す。

全体の自由度は、各実験の自由度の総和ではありませんので注意してください。セル（B4）には、【＝F4－1】と記入します。すると、“26”と表示されます。

全体の偏差平方和も各実験の偏差平方和の総和ではありません。セル（C4）に【＝DEVSQ(I5：K13)】と記入します。すると、“1.8301”が求まります。

そして、セル（D4）に【＝C4/B4】と記入すると“0.0704”が実験データ全体の分散として得られます。【＝VAR(I5：K13)】でも同じ結果になります。

そして、**表5・4**が得られます。これで、分散分析の準備ができました。

《実験データを可視化してみた》

分散分析を行う前に、得られたデータと統計情報の関係を可視化してみます。**図5・3**は材質ごとに硬度と組みあわせたグリップ力をプロットしたグラフです。材質：γのグリップ力のデータについて考えてみます。

全体平均（5.508 N）と材質：γが関与した9個のデータの平均（5.542 N）との距離：＋0.034 Nが、γの水準効果と考えることができます。ほかの材質

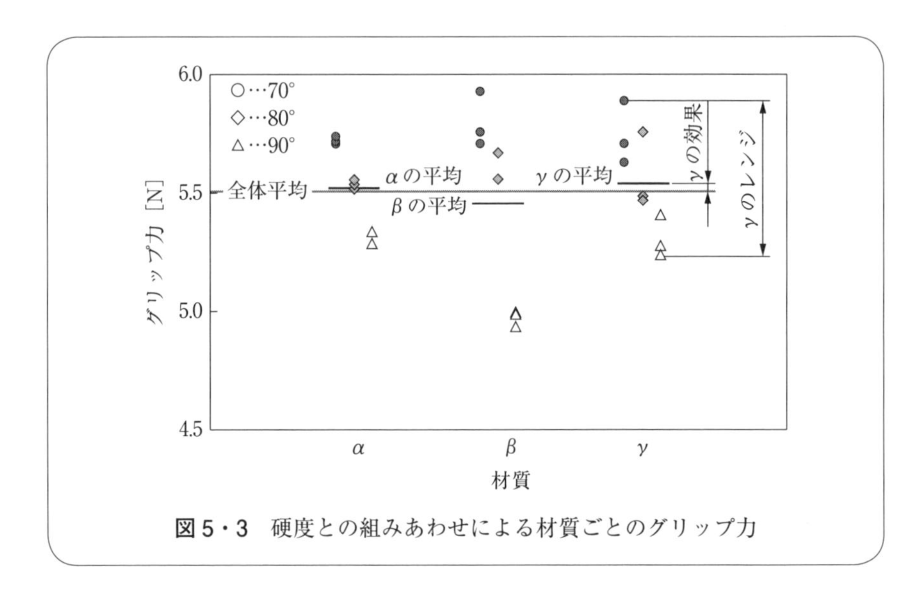

図5・3　硬度との組みあわせによる材質ごとのグリップ力

についても同様に調べると α が関与した9個のデータの平均は5.523 Nですからその水準効果は +0.015 N、β が関与した9個のデータの平均は5.458 Nですからその水準効果は −0.050 Nになります。平均の計算は、後ほど説明します。

材質の水準効果は $\beta(-0.050\ \mathrm{N}) < \alpha(+0.015\ \mathrm{N}) < \gamma(+0.034\ \mathrm{N})$ の順番になります。

それでは、分散分析の目的を再確認しておきます。

図5・4は、硬度ごとに材質と組みあわせたグリップ力をプロットしています。硬度70°のグリップ力の平均は、硬度70°が関与した9個のデータの平均で5.756 Nになります。同様に硬度80°の平均は5.570 N、γ の平均は5.198 Nになります。硬度の水準効果は、70°>80°>90°です。そして、70°のレンジは0.22 N、80°のレンジは0.24 N、90°のレンジは0.47 Nという結果です。

材質の水準効果が $\beta<\alpha<\gamma$ であり、硬度の水準効果が70°>80°>90°という実験結果の事実を確認し、これら水準効果の違いがそれぞれの因子で取りあげた水準の違いに由来した結果なのか、それとも偶然誤差の範疇かを、統計学を使って検定します。

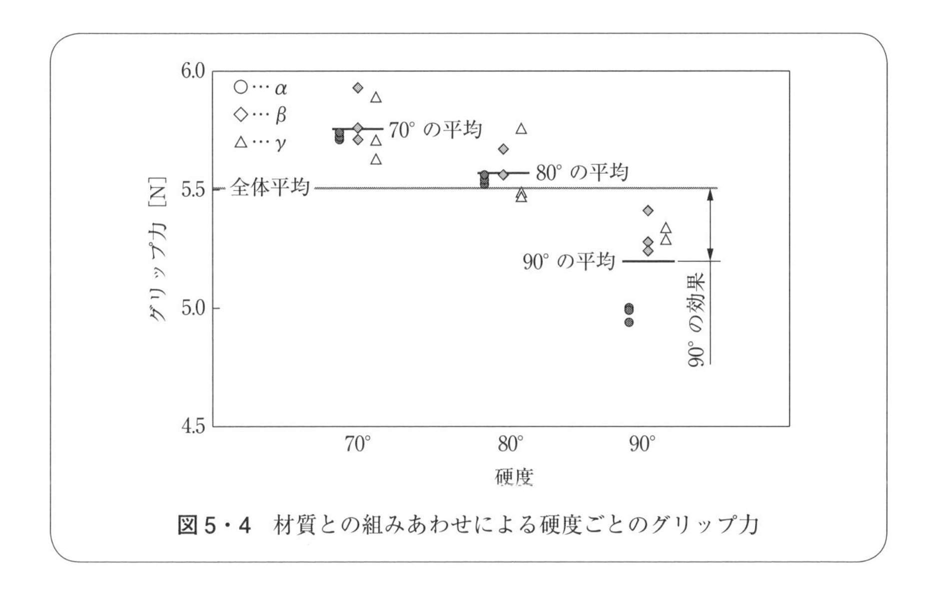

図5・4　材質との組みあわせによる硬度ごとのグリップ力

材質：α の9個のデータのレンジは0.45 N（＝5.74 N－5.29 N）です。分散分析では材質：α が関与した9個のデータのレンジ（0.45 N）というばらつきは、硬度の水準効果にランダムに偶然誤差が加わった結果と考えます。全体のデータから得られる情報から材質と硬度の水準効果、そして、偶然誤差を分離するところから分散分析がはじまります。

《分散分析を行う：要因効果を計算する》

本書では、因子の水準ごとの平均と全体平均の差を水準効果としています。分散分析では、水準効果ではなく水準ごとの平均を“要因効果”として、こちらの値を使います。要因効果を工程平均ということもあります。全体平均に水準効果を加えた結果が要因効果です。

まず、表5・4のデータと統計解析の結果が記録されたシートに、**表5・5**のように因子と水準ごとに要因効果を表示する表を追加します。あわせて、分散分析表とよばれる分散分析の結果をしめす表のフォーマットも準備しておきます（シート「2元配置　分散分析」参照）。このとき、追加する表やフォーマットは、統計解析結果の上の方に作ります。その理由は、今後因子や水準の

表５・５　要因効果を計算する表を追加する

	A	B	C	D	E	F	G	H	I	J	K	L
1												
2		f	S	V	F0	p値〔%〕			1	2	3	
3	材質							材質	AVERAGE(E12：E14)			
4	硬度							硬度				
5	e1											
6	e2											
7	全体											
8												
9		自由度	偏差平方和	分散	平均	データ数	材質	硬度	グリップ力〔N〕			
10		f	S	V	m	n						
11		26	1.8301	0.0704	5.508	27	全データ		1回目	2回目	3回目	
12		2	0.0005	0.0002	5.723	3		70°	5.71	5.72	5.74	
13		2	0.0008	0.0004	5.540	3	α	80°	5.52	5.54	5.56	
14		2	0.0017	0.0008	5.307	3		90°	5.29	5.29	5.34	
15		2	0.0266	0.0133	5.800	3		70°	5.71	5.76	5.93	
16		2	0.0081	0.0040	5.597	3	β	80°	5.56	5.56	5.67	
17		2	0.0021	0.0010	4.977	3		90°	5.00	4.99	4.94	
18		2	0.0355	0.0177	5.743	3		70°	5.89	5.71	5.63	
19		2	0.0525	0.0262	5.573	3	γ	80°	5.76	5.49	5.47	
20		2	0.0158	0.0079	5.310	3		90°	5.41	5.28	5.24	

追加が必要になったとき、行方向は下に伸びていくからです。当然、これをみこして、あらかじめ表５・２～表５・４を作るとき、シートの上部ではなく、10行ほど下の位置に配置しておけばこの作業は必要なくなります。

それでは、要因効果を計算して表を埋めていきましょう。セル（I3）には材質の第１水準であるαが関与した３つの実験の平均の平均を記録します。セル（I3）に【＝AVERAGE(E12：E14)】と記入します。

すると、“5.523”が表示されます。同様にセル（J3）、セル（K3）に材質βとγの要因効果を計算するように“AVERAGE(　)”関数を記入します。

その結果、セル（J3）には“5.458”、セル（K3）には“5.542”と表示されます。

硬度についても同様に水準ごとに平均の平均を計算します。セル（I4）には、

表5・6　要因効果の計算結果の表示

	A	B	C	D	E	F	G	H	I	J	K	L
1												
2		f	S	V	F0	p値〔%〕			1	2	3	
3	材質							材質	5.523	5.458	5.542	
4	硬度							硬度	5.756	5.570	5.198	
5	e1											
6	e2											
7	全体											
8												
9		自由度	偏差平方和	分散	平均	データ数	材質	硬度	グリップ力〔N〕			
10		f	S	V	m	n						
11		26	1.8301	0.0704	5.508	27	全データ		1回目	2回目	3回目	
12		2	0.0005	0.0002	5.723	3	α	70°	5.71	5.72	5.74	
13		2	0.0008	0.0004	5.540	3		80°	5.52	5.54	5.56	
14		2	0.0017	0.0008	5.307	3		90°	5.29	5.29	5.34	
15		2	0.0266	0.0133	5.800	3	β	70°	5.71	5.76	5.93	
16		2	0.0081	0.0040	5.597	3		80°	5.56	5.56	5.67	
17		2	0.0021	0.0010	4.977	3		90°	5.00	4.99	4.94	
18		2	0.0355	0.0177	5.743	3	γ	70°	5.89	5.71	5.63	
19		2	0.0525	0.0262	5.573	3		80°	5.76	5.49	5.47	
20		2	0.0158	0.0079	5.310	3		90°	5.41	5.28	5.24	

【=(E12+E15+E18)/3】と記入します。すると、"5.756" と表示されます。

同様にセル（J4）には【=(E13+E16+E19)/3】、セル（K4）には【=(E14+E17+E20)/3】と記入して、"5.570" と "5.198" が表示されることを確認してください。

これで、材質と硬度の要因効果が求まりました。その結果が**表5・6**です。

ここで、材質に関する3つの要因効果の平均を計算すると "5.508" になって、全体平均と一致します。また、硬度に関する3つの要因効果の平均を計算しても "5.508" になり、こちらも全体平均と一致します。

《自由度について考えてみる》

ここからいよいよ分散分析を行い、分散分析表を埋めていきます。まず、この実験全体での自由度について考えて、自由度の列を埋めます。材質は3水準あるので、自由度は3−1=2になります。同様に硬度の自由度も2になります。そして、全体の自由度は計測された全データ27個から1を引いた26になります。ここまでは、比較的わかりやすいものだと思います。

つぎにe1とe2について考えてみます。一般的な分散分析の教科書ではe1を実験間誤差、e2を実験内誤差ということが多いのですが、このことばではその内容をつかみにくいのではないでしょうか。e2は1つの実験のなかでのばらつきをすべての実験分だけ総和した結果になります。つまり、実験全体での偶然誤差の総量になります。一方、e1は因子間の交互作用になります。それではe1とe2の自由度を考えてみます。

実験結果が表5・4から表5・6のようにまとまっているときには、e2の自由度は簡単に計算できます。それぞれの実験でデータが3個ずつあるので、実験ごとの自由度は表にしめされているように“2”です。この値はそれぞれの実験の分散を計算するために使いました。これら9個の“2”を合計したものが、実験全体での偶然誤差の自由度になります。したがって、セル（B6）に【=SUM(B12：B20)】と記入します。すると、“18”と表示されます。

e1は交互作用です。今回のように2元配置の実験の場合、この自由度は簡単に計算できます。この実験での交互作用について考えてみます。交互作用とは複数の要因がたがいに影響しあって、モノゴトのふるまいに影響や効果を及ぼしていることでした。

今回の実験では、材質と硬度という2つの因子についてそれぞれ3水準の組みあわせ総あたりの実験を行っています。その組みあわせは3×3で9通りあります。この9個の平均から、全体平均の1とそれぞれの因子の自由度は2を引いた結果が交互作用の自由度になります。

交互作用の自由度=9−1−2−2=4になります。あるいは、それぞれの因子の自由度の積としても交互作用の自由度は計算できます。つまり、

交互作用の自由度=(3−1)×(3−1)=2×2=4です。

2元配置実験として計画して実施した今回の実験では、このように比較的理解しやすく、簡単に交互作用の自由度が計算できました。しかし、因子数が3

以上になるとこのように簡単にはいきません。でも心配は無用です。『自由度の加法性』を使えば簡単に計算できるからです。セル（B5）に、【＝B7－B6－B3－B4】と記入しても“4”という結果を得ることができます。

これで、今回の完備型実験での自由度の列が数値で埋められました。

《偏差平方和について考える》

いよいよ分散分析の佳境に入ります。図5・3を再掲載します。

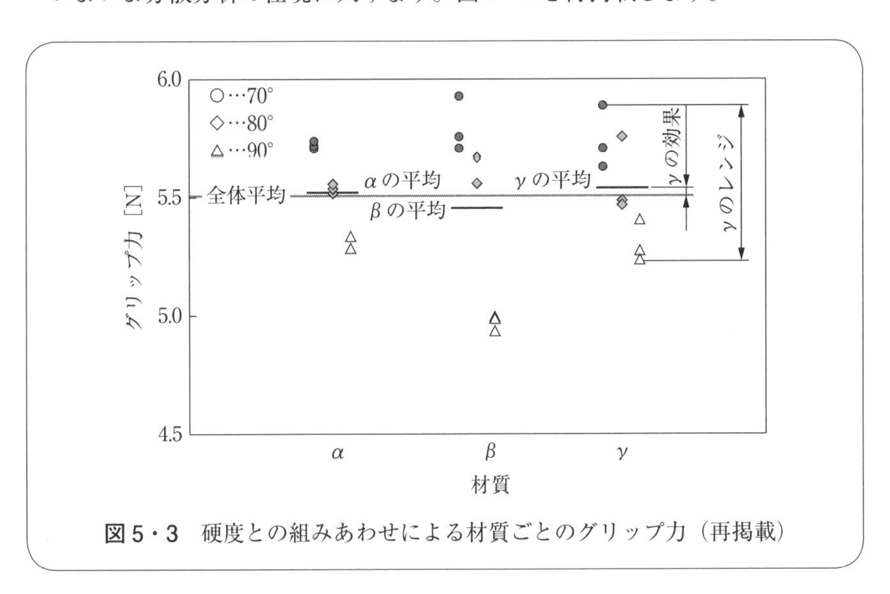

図5・3　硬度との組みあわせによる材質ごとのグリップ力（再掲載）

全体平均（5.508 N）よりも大きい材質：γのグリップ力の平均（5.542 N）がγの要因効果と考えます。同様にαのグリップ力の平均（5.523 N）、βのグリップ力の平均（5.458 N）が材質の違いに由来したグリップ力への効果の違いをあらわしていると考えます。そこで、この3つの要因効果の違いについての偏差平方和を計算します。ただし、材質に関する3つの要因効果は、それぞれの材質がかかわった9個のデータを代表して、平均という1つの値に集約しているため、ばらつきの総量は計算した偏差平方和を9倍する必要があります。

セル（C3）に、【＝DEVSQ(I3：K3)＊9】と記入します。ただし、因子ごとに水準の数が異なったデータを分散分析するときに、いちいち何個のデータがかかわっているかを考えてから、その個数を記入するとまちがいをおこしやすいので、個数の“9”のかわりに“全データ数/因子の水準数”を使ったほうが便利です。

つまり、セル（C3）に、【=DEVSQ(I3：K3)*($F$11/3)】と記入します。“F11”の“F”と“11”の頭に“$”をつけることで、数式をコピーしたりするとき、セル（F11）で表示されている値を常に参照（絶対参照）してくれます。そのため、因子数が多いときにはこの記述をおすすめします。その結果、セル（C3）には“0.035”という結果が表示されます。

全体のデータ数を表示しているセル（F11）を絶対参照している場合は、セル（C3）をコピーしてセル（C4）にペーストすれば硬度の偏差平方和も計算されます。コピーを前提として偏差平方和を計算する式を記入するときには【=DEVSQ(I4：K4)*($F$11/3)】とします。つぎに全体の偏差平方和は、セル（C11）に表示されている値ですから、セル（C7）に【=C11】と記入します。すると、“1.830”が表示されます。

偶然誤差：e2の偏差平方和は自由度と同じように、9通りの組みあわせの偏差平方和の総和になります。したがって、セル（C6）に【=SUM(C12：C20)】と記入します。すると、“0.143”が表示されます。

《交互作用の偏差平方和はどのように計算するのか》

では、交互作用：e1の偏差平方和はどのように計算すればよいでしょうか。こちらも偏差平方和の加法性から計算できますから、セル（C5）に【=C7−C6−C3−C4】と記入します。すると、“0.199”と表示されます。

実際の交互作用：e1の偏差平方和を計算する原理は、かなり複雑です。セル（E12）からセル（E20）に表示されている値は、材質の3水準と硬度の3水準のすべてを組みあわせて3回くり返してグリップ力を計測し、その平均を計算した結果です。この9通りの組みあわせが材質と硬度の交互作用が含まれるすべての結果になります。

さて、9通りの実験に関する9個の平均の偏差平方和を考えます。どこか適当なセルに【=DEVSQ(E12：E20)】と記入してください。すると、“0.5622”

になります。しかし、9個それぞれの平均は3回くり返して計測したグリップ力から計算しているので、データ全体では“0.5622”の3倍が偏差平方和の総量になります。つまり、0.5622×3=1.6867です。

また、材質と硬度それぞれ3個、合計6個の要因効果の偏差平方和を計算してみます。別の適当なセルに【=DEVSQ(I3：K4)】と記入してください。すると、“0.1653”になります。しかし、それぞれの要因効果を計算するときに、9通りのなかから3個ずつの平均を使って要因効果を計算し、さらに平均は3個のデータから計算しているので“0.1653”を9倍した値が要因効果の偏差平方和全体の量になり、その値は0.1653×9=1.4876になります。9個の平均の偏差平方和“1.6867”から、要因効果の偏差平方和を使った実験結果の平均の個数分かけた値の“1.4876”を引いた結果が交互作用の偏差平方和になります。

表5・7　分散分析表　偏差平方和の計算結果

	A	B	C	D	E	F	G	H	I	J	K	L
1												
2		f	S	V	F0	p値〔%〕			1	2	3	
3	材質	2	0.035					材質	5.523	5.458	5.542	
4	硬度	2	1.452					硬度	5.756	5.570	5.198	
5	e1	4	0.199									
6	e2	18	0.143									
7	全体	26	1.830									
8												
9		自由度	偏差平方和	分散	平均	データ数	材質	硬度	グリップ力〔N〕			
10		f	S	V	m	n						
11		26	1.8301	0.0704	5.508	27	全データ		1回目	2回目	3回目	
12		2	0.0005	0.0002	5.723	3		70°	5.71	5.72	5.74	
13		2	0.0008	0.0004	5.540	3	α	80°	5.52	5.54	5.56	
14		2	0.0017	0.0008	5.307	3		90°	5.29	5.29	5.34	
15		2	0.0266	0.0133	5.800	3		70°	5.71	5.76	5.93	
16		2	0.0081	0.0040	5.597	3	β	80°	5.56	5.56	5.67	
17		2	0.0021	0.0010	4.977	3		90°	5.00	4.99	4.94	
18		2	0.0355	0.0177	5.743	3		70°	5.89	5.71	5.63	
19		2	0.0525	0.0262	5.573	3	γ	80°	5.76	5.49	5.47	
20		2	0.0158	0.0079	5.310	3		90°	5.41	5.28	5.24	

その結果は 1.6867－1.4876＝0.1991≒0.199 になり、偏差平方和の加法性から計算した結果と一致します。2 元配置ですら、これだけ大変な計算をしなければいけないので、交互作用の偏差平方和は偏差平方和の加法性を使って計算するようにしてください。

ここまでの結果を**表 5・7** にしめします。

《分散：V と分散比：F0 の計算》

それでは、分散：V と、*F* 検定の原資となる分散比：F0 の計算にうつります。分散は、因子や交互作用、そして、偶然誤差の偏差平方和を自由度で割ることで計算します。たとえば、セル（D3）に【＝C3/B3】と記入します。すると、“0.018” と表示されます。この数式を e2 の行までコピーすればすべての分散が求まります。

分散比：F0 は各要因の分散を e2 の分散で割ることで求めます。セル（E3）に【＝D3/D6】と記入します。すると、“2.2” と表示されます。つまり、材質ごとの平均値の大きさの違いは、偶然誤差として観測されるばらつきの 2.2 倍ある、ということです。

セル（E3）に記入する数式の記述を【＝D3/$D$6】にしておけば、この数式をほかの行にコピーできます。

《検定の実施：p 値を求める》

いよいよ検定です。今までの工程で、材質の分散は偶然誤差の分散の 2.2 倍、硬度の分散は 91.1 倍であり、交互作用：e1 の分散は 6.2 倍になっています。硬度の水準の違いがグリップ力に及ぼす効果に違いがありそうなことは分散比 91.1 という値からもあきらかだと考えられますが、Excel の関数を使って p 値を計算してみます。

p 値を百分率で計算する方法は Excel 関数を使い、p 値〔%〕＝FDIST(対象の F0 の値，対象の自由度，誤差の自由度)＊100 で計算できます。

それでは、セル（F3）に【＝FDIST(E3，B3，$B$6)＊100】と記入してください。“13.8” と表示されます。つまり、材質の水準の違いに由来したグリップ力の平均の違いに関するp値は、“13.8 %”ということで、有意水準の5 %よりも大きい値です。

つづいて、セル（F3）に記入した数式を「硬度」や「交互作用：e1」にコピーしてください。

今まで特に記述していませんでしたが、今回の実験結果に対する分散分析は、帰無仮説として「それぞれの要因の水準に由来したグリップ力の違いは偶然誤差がとる範囲と等しい」としていて、これを否定することで「それぞれの要因の水準によるグリップ力の違いのなかで、その最大となる値と最小となる値の差は水準の効果の差である」という結論を導くことです。

さきのp値の結果から現状のデータから得られる情報では、材質は水準の違いがグリップ力に影響を与えているとはいえない、という結論になります。

表5・8　駆動ローラーゴムの材質と硬度の2元配置実験の分散分析結果

	A	B	C	D	E	F	G	H	I	J	K	L
1												
2		f	S	V	F0	p値〔%〕			1	2	3	
3	材質	2	0.035	0.018	2.219	13.8		材質	5.523	5.458	5.542	
4	硬度	2	1.452	0.726	91.148	3.82E−0.8		硬度	5.756	5.570	5.198	
5	e1	4	0.199	0.05	6.2455	0.2						
6	e2	18	0.143	0.008								
7	全体	26	1.830									
8												
9–10		自由度 f	偏差平方和 S	分散 V	平均 m	データ数 n	材質	硬度	グリップ力〔N〕			
11		26	1.8301	0.0704	5.508	27	全データ		1回目	2回目	3回目	
12		2	0.0005	0.0002	5.723	3	α	70°	5.71	5.72	5.74	
13		2	0.0008	0.0004	5.540	3		80°	5.52	5.54	5.56	
14		2	0.0017	0.0008	5.307	3		90°	5.29	5.29	5.34	
15		2	0.0266	0.0133	5.800	3	β	70°	5.71	5.76	5.93	
16		2	0.0081	0.0040	5.597	3		80°	5.56	5.56	5.67	
17		2	0.0021	0.0010	4.977	3		90°	5.00	4.99	4.94	
18		2	0.0355	0.0177	5.743	3	γ	70°	5.89	5.71	5.63	
19		2	0.0525	0.0262	5.573	3		80°	5.76	5.49	5.47	
20		2	0.0158	0.0079	5.310	3		90°	5.41	5.28	5.24	

しかし、硬度ではｐ値が有意水準１％よりもはるかに小さいので、硬度70°のほうが硬度90°よりもグリップ力が大きい、という結論になります。

そして、ｐ値が0.2％の交互作用も１％有意という結論になります。

ここまでの結果を**表５・８**にまとめます。

《記号による記述と変動ということば》

さきの事例では、「材質」や「硬度」といった実際に因子として採用した特性の名称で２元配置実験を紹介してきました。一般的には、因子をＡやＢのように記号であらわすこともあります。

Ａという因子については、自由度：f_A、偏差平方和：S_A、また、ＡとＢの交互作用については、自由度：$f_{A \times B}$、偏差平方和：$S_{A \times B}$というように記述します。

また、今まで因子や全体の偏差平方和ということばではなしを進めてきましたが、分散分析につかう偏差平方和のことを「変動」という場合もあります。因子Ａの変動がS_Aです。全体の偏差平方和は総変動、交互作用の偏差平方和は級間変動、誤差の偏差平方和は級内変動といいます。

５・３　３元配置実験

《駆動ローラー：ゴムの幅の影響を調べる》

５・２節では駆動ローラーに巻きつけるゴムの材質と硬度が、グリップ力に及ぼす効果を、実験結果の分散分析を実施して確認しました。しかし、駆動ローラーに巻きつけたゴムの材質や硬度だけでなく、今までの経験でゴムローラーの幅もグリップ力に影響する可能性があるかもしれないので、ゴムローラーの幅という因子も含めて再度解析することになりました。

ゴムローラーの幅は、今まで実験してきた4 mmを中心に幅3 mmと幅5 mmにして、材質、硬度をそれぞれ３水準とって試作します。３つの因子についてそれぞれ３水準あるので、完備型の実験を行うと$3^3=27$通りの組みあわせになります。そして、実験ごとに３回くり返してグリップ力を計測するので、全体では81個のデータを採集する必要があります。

フィッシャーの3原則の無作為化をするためには、今まで解析してきたゴムローラーの幅が4 mmのデータを捨てて、実験順番も無作為化したうえで、再度グリップ力を計測しなければいけないのですが、今回は幅4 mmのデータはそのまま使うことにします。

表5・9はこれまでのゴムローラーの幅が4 mmで計測したグリップ力に、幅3 mmと5 mmのローラーについても材質3水準、硬度3水準を組みあわせたグリップ力を計測し、その実験結果と統計解析の結果の記録、および、分散分析を行うためのフォーマットです。【教材フォルダ.zip】のなかの『第5章教材.xls』のシート「3元配置　分散分析」を使っていただいても結構です。

それでは、要因効果を求めます。材質の第1水準であるαの要因効果はαがかかわった実験結果の9個の平均の平均になります。セル（K3）に、【＝AVERAGE(F12：F20)】と記入します。すると、“5.493”と表示されます。同様に、β、γがかかわった9個の平均の平均をセル（L3）とセル（M3）で計算します。その結果、“5.549”と“5.519”が求まります。

硬度70°の要因効果はセル（K4）に【＝AVERAGE(F12：F14, F21：F23, F30：F32)】と記入します。すると、“5.777”が求まります。同様に、硬度80°と90°の要因効果を計算すると“5.574”、“5.209”が求まります。

幅3 mmの要因効果はセル（K5）に【＝(F12＋F15＋F18＋F21＋F24＋F27＋F30＋F33＋F36)/9】と記入します。すると、“5.564”が得られます。

セル（K5）を列の下方向に2つコピーすると“5.508”と“5.489”と表示されますが、これは、幅4 mmと幅5 mmの要因効果です。これらを要因効果の表の該当する位置に移動します。セル（K7）の“5.508”をセルごと切りとってセル（L5）に“5.508”を配置します。同様に、セル（M5）に“5.489”を配置します。以上で分散分析の下ごしらえが完了しました。

それでは、分散分析表を埋めていきましょう。材質、硬度、幅はそれぞれ3水準ですから、自由度は3−1＝2になります。セル（C3）には【＝COUNT(K3：M3)−1 】と記入します。セル（C4）とセル（C5）も同様に記入してください。全体の自由度はセル（C11）の値“80”ですから、セル（C8）に“＝C11”と記入します。

表５・９　材質−硬度−ローラー幅の３因子の完備型実験結果と統計解析結果

	A	B	C	D	E	F	G	H	I	J	K	L	M
1													
2			f	S	V	F0	p 値〔%〕				1	2	3
3		材質								材質	=AVERAGE(F12 : F20)		
4		硬度								硬度			
5		幅								幅			
6		e1											
7		e2											
8		全体											
9													
10			f	S	V	m	n						
11		全体	80	5.533	0.069	5.520	81	材質	硬度	幅	グリップ力〔N〕		
12			2	0.010	0.005	5.770	3			3	5.81	5.81	5.69
13			2	0.000	0.000	5.723	3		70°	4	5.71	5.72	5.74
14			2	0.006	0.003	5.633	3			5	5.66	5.67	5.57
15			2	0.000	0.000	5.537	3			3	5.54	5.52	5.55
16			2	0.001	0.000	5.540	3	α	80°	4	5.52	5.54	5.56
17			2	0.004	0.002	5.510	3			5	5.54	5.53	5.46
18			2	0.000	0.000	5.243	3			3	5.24	5.23	5.26
19			2	0.002	0.001	5.307	3		90°	4	5.29	5.29	5.34
20			2	0.001	0.001	5.170	3			5	5.18	5.19	5.14
21			2	0.017	0.009	6.057	3			3	6.10	6.12	5.95
22			2	0.027	0.013	5.800	3		70°	4	5.71	5.76	5.93
23			2	0.005	0.002	5.813	3			5	5.79	5.78	5.87
24			2	0.009	0.005	5.723	3			3	5.80	5.70	5.67
25			2	0.008	0.004	5.597	3	β	80°	4	5.56	5.56	5.67
26			2	0.006	0.003	5.560	3			5	5.62	5.51	5.55
27			2	0.000	0.000	5.297	3			3	5.31	5.28	5.30
28			2	0.002	0.001	4.977	3		90°	4	5.00	4.99	4.94
29			2	0.000	0.000	5.117	3			5	5.10	5.13	5.12
30			2	0.011	0.005	5.633	3			3	5.55	5.66	5.69
31			2	0.035	0.018	5.743	3		70°	4	5.89	5.71	5.63
32			2	0.001	0.000	5.820	3			5	5.81	5.81	5.84
33			2	0.019	0.009	5.557	3			3	5.45	5.58	5.64
34			2	0.052	0.026	5.573	3	γ	80°	4	5.76	5.49	5.47
35			2	0.003	0.002	5.573	3			5	5.62	5.56	5.54
36			2	0.053	0.026	5.257	3			3	5.13	5.20	5.44
37			2	0.016	0.008	5.310	3		90°	4	5.41	5.28	5.24
38			2	0.009	0.005	5.203	3			5	5.28	5.18	5.15

e2の自由度は27通りの実験ごとの自由度の合計になりますから、セル（C7）に【＝SUM(C12：C38)】と記入します。すると“54”が表示されます。

e1の自由度は自由度の加法性を使って計算します。セル（C6）に【＝C8－C7－C3－C4－C5】と記入します。すると、“20”が表示されます。

《3元配置の自由度について》

さて、セル（C6）に表示されている“20”という値は、交互作用の自由度です。なぜ、交互作用の自由度が20になるのかを考えてみます。

材質をA、硬度をB、幅をCという記号であらわし、交互作用を記号“×”でしめします。たとえば、AとBの交互作用は“A×B”とします。

それぞれの交互作用について自由度を考えます。Aは3水準、Bも3水準ですからそれぞれの自由度は2です。5・2節で説明したように、2因子間の交互作用の自由度は、それぞれの自由度の積で計算できます。つまり、A×Bの自由度は2×2＝4になります。同様に、A×C、B×Cの自由度もそれぞれ4になります。その結果、2因子間の交互作用の自由度は全体で、4＋4＋4＝12になります。

さらに、今回は3因子間の交互作用も考えなければいけません。つまり、A×B×Cです。この自由度もそれぞれの自由度の積として2×2×2＝8になります。その結果、3つの2因子間の交互作用と1つの3因子間の交互作用の自由度は合計して、12＋8＝20となります。これがセル（C6）に表示されている“20”という自由度の値のうちわけになります。

《変動（偏差平方和）を計算する》

つづいて変動を計算して分散分析表を埋めていきます。材質の変動はセル（D3）に【＝DEVSQ(K3：M3)＊($G$11/3)】と記入します。材質の3つの要因効果の偏差平方和に、それぞれの要因効果を計算するためにかかわったデータの個数を掛けて求めます。

“($G$11/3)”と記入するのは、全体のデータ数（81）を因子の水準数“3”で割ることで、1つの因子に関する要因効果を計算するためにかかわったデー

表５・10　分散分析の完了

	A	B	C	D	E	F	G	H	I	J	K	L	M
1													
2			f	S	V	F0	p 値〔%〕				1	2	3
3		材質	2	0.043	0.021	3.9	2.71			材質	5.493	5.549	5.519
4		硬度	2	4.477	2.239	403.4	3.4E-31			硬度	5.777	5.574	5.209
5		幅	2	0.082	0.041	7.4	0.15			幅	5.564	5.508	5.489
6		e1	20	0.632	0.032	5.7	1.7E-05						
7		e2	54	0.300	0.006								
8		全体	80	5.533									
9													
10			f	S	V	m	n						
11		全体	80	5.533	0.069	5.520	81	材質	硬度	幅	グリップ力〔N〕		
12			2	0.010	0.005	5.770	3			3	5.81	5.81	5.69
13			2	0.000	0.000	5.723	3		70°	4	5.71	5.72	5.74
14			2	0.006	0.003	5.633	3			5	5.66	5.67	5.57
15			2	0.000	0.000	5.537	3			3	5.54	5.52	5.55
16			2	0.001	0.000	5.540	3	α	80°	4	5.52	5.54	5.56
17			2	0.004	0.002	5.510	3			5	5.54	5.53	5.46
18			2	0.000	0.000	5.243	3			3	5.24	5.23	5.26
19			2	0.002	0.001	5.307	3		90°	4	5.29	5.29	5.34
20			2	0.001	0.001	5.170	3			5	5.18	5.19	5.14
21			2	0.017	0.009	6.057	3			3	6.10	6.12	5.95
22			2	0.027	0.013	5.800	3		70°	4	5.71	5.76	5.93
23			2	0.005	0.002	5.813	3			5	5.79	5.78	5.87
24			2	0.009	0.005	5.723	3			3	5.80	5.70	5.67
25			2	0.008	0.004	5.597	3	β	80°	4	5.56	5.56	5.67
26			2	0.006	0.003	5.560	3			5	5.62	5.51	5.55
27			2	0.000	0.000	5.297	3			3	5.31	5.28	5.30
28			2	0.002	0.001	4.977	3		90°	4	5.00	4.99	4.94
29			2	0.000	0.000	5.117	3			5	5.10	5.13	5.12
30			2	0.011	0.005	5.633	3			3	5.55	5.66	5.69
31			2	0.035	0.018	5.743	3		70°	4	5.89	5.71	5.63
32			2	0.001	0.000	5.820	3			5	5.81	5.81	5.84
33			2	0.019	0.009	5.557	3			3	5.45	5.58	5.64
34			2	0.052	0.026	5.573	3	γ	80°	4	5.76	5.49	5.47
35			2	0.003	0.002	5.573	3			5	5.62	5.56	5.54
36			2	0.053	0.026	5.257	3			3	5.13	5.20	5.44
37			2	0.016	0.008	5.310	3		90°	4	5.41	5.28	5.24
38			2	0.009	0.005	5.203	3			5	5.28	5.18	5.15

タ数が計算できるからです。また、$で行と列を固定しておけば、この式を「硬度」と「幅」にコピーするだけで、要因効果の行の変更を含めて数式がコピーできるためです。

全体の偏差平方和である総変動はセル（D8）に【=D11】と記入します。また、偶然誤差の偏差平方和である級内変動は、セル（D7）に【=SUM(D12：D38)】と記入します。

そして、交互作用の変動（級間変動）は、変動の加法性を使って計算します。セル（D6）に自由度の加法性を使って交互作用の自由度を計算したセル（C6）をコピーして下さい。

《分散、分散比、p 値の計算》

分散分析表の分散：V を計算する E 列のセル（E3）に【=D3/C3】と記入して、これを硬度、幅、e1、e2の列にコピーします。その結果、上から“0.021”、“2.239”、“0.041”、“0.032”、“0.006”が得られます。

分散比：F0 は、セル（F3）に【=E3/$E$7】と記入して、分散と同様に e1 のセル（F6）までコピーします。その結果、上から“3.9”、“403.4”、“7.4”、“5.7”が得られます。

そして、材質の p 値を求める G 列のセル（G3）に【=FDIST(F3, C3, $C$7)*100】と記入します。その結果、材質の p 値は 2.71〔%〕、硬度の p 値は 3.4×10^{-31}〔%〕、幅の p 値は 0.15〔%〕、e1 の p 値は 1.7×10^{-5}〔%〕となり、**表 5・10** にしめす結果が得られました。

以上で駆動ローラーのグリップ力に関する 3 元配置実験結果の分散分析が完了しました。

5・4　交互作用の変動を分解してみる

《交互作用について考えてみる》

前節で e1 の変動：S_{e1} が“0.632”になりました。このうちわけを考えてみます。まず、今回の実験で考えられる交互作用をあげてみます。材質に A、硬度にB、幅にCという記号を割りあてます。交互作用としては、A×B（材質と硬度)、A×C（材質と幅)、B×C（硬度と幅）という3つの2因子間の交互作用と、A×B×Cという3因子間が存在します。

材質と硬度の交互作用：A×Bとはどのようなものなのでしょうか。交互作用の本質は、AとBそれぞれの水準の組みあわせによって、結果系に及ぼす効果が増大したり減衰したりすることです。材質と硬度の交互作用であるA×Bを考えたとき、材質αと硬度70°、材質αと硬度80°、材質αと硬度90°、…材質γと硬度90°というように、3×3=9組の交互作用が存在します。

表5・10のなかの統計解析結果から、材質αが関与した部分を抜きだして**表5・11**にしめします。表中の平均の列で、実線で囲った3つの平均は材質αと硬度70°が関与した結果です。また、その下の3つの平均は材質αと硬度80°が関与していて、さらにその下の点線で囲った3つの平均は材質αと硬度90°が関与した結果になります。

表5・11　材質αが関与した実験の統計解析結果

f	S	V	m	n	材質	硬度	幅	グリップ力〔N〕		
26	1.091	0.04	5.49	27						
2	0.010	0.005	5.77	3	α	70°	3	5.81	5.81	5.69
2	0.000	0.000	5.72	3			4	5.71	5.72	5.74
2	0.006	0.003	5.63	3			5	5.66	5.67	5.57
2	0.000	0.000	5.54	3		80°	3	5.54	5.52	5.55
2	0.001	0.000	5.54	3			4	5.52	5.54	5.56
2	0.004	0.002	5.51	3			5	5.54	5.53	5.46
2	0.000	0.000	5.24	3		90°	3	5.24	5.23	5.26
2	0.002	0.001	5.31	3			4	5.29	5.29	5.34
2	0.001	0.001	5.17	3			5	5.18	5.19	5.14

それぞれの硬度がかかわった3つの平均について、その平均を計算すると、材質αとそれぞれのゴム硬度が関連してグリップ力に与える効果、つまり、材質：αとゴム硬度の交互作用を定量化できそうです。そして、材質βと材質γについても同じように考えることができます。**表5・12**は材質と硬度の組み

表 5・12　材質と硬度が関連してグリップ力に与える効果

材質＼硬度	70°	80°	90°
α	5.709	5.529	5.240
β	5.890	5.627	5.130
γ	5.732	5.568	5.257

表 5・13　材質とローラー幅が関連してグリップ力に与える効果

材質＼幅	3 mm	4 mm	5 mm
α	5.517	5.523	5.438
β	5.692	5.458	5.497
γ	5.482	5.542	5.532

表 5・14　硬度とローラー幅が関連してグリップ力に与える効果

硬度＼幅	3 mm	4 mm	5 mm
70°	5.820	5.756	5.756
80°	5.606	5.570	5.548
90°	5.266	5.198	5.163

あわせについて、該当する 3 つの平均の平均を計算した結果です。この 9 個の平均のばらつきが材質と硬度の交互作用の変動になります。ただし、それぞれの平均は 9 個のデータが関与しているため、変動を 9 倍する必要があります。表 5･12 にしめす 9 個の値の変動を 9 倍した結果は、4.781 になります。さらに、9 倍した変動のなかには、表 5・10 にしめした材質の変動（0.043）、および、硬度の変動（4.477）が含まれるので、これらをさし引く必要があります。

材質と幅、硬度と幅についても表 5・12 のように**表 5・13** と**表 5・14** を作成し、同様の処理によって交互作用の変動を求めます。

その結果、

材質と硬度の交互作用の変動：$S_{A \times B} = 4.781 - 0.043 - 4.477 = 0.261$

材質と幅の交互作用の変動：　$S_{A \times C} = 0.386 - 0.043 - 0.082 = 0.261$

硬度と幅の交互作用の変動：　$S_{B \times C} = 4.566 - 4.477 - 0.082 = 0.007$

という結果が得られます。

表5・15　交互作用も含めた分散分析表の作成

	A	B	C	D	E	F	G	H	I	J	K	L	M
1													
2			f	S	V	F0	p値〔%〕				1	2	3
3		A：材質	2	0.043	0.021	3.86	2.7			材質	5.493	5.549	5.519
4		B：硬度	2	4.477	2.239	403.4	0.0			硬度	5.777	5.574	5.209
5		C：幅	2	0.082	0.041	7.4	0.1			幅	5.564	5.508	5.489
6		A×B	4	=DEVSQ(C15：E17)*9−D3−D4									
7		A×C											
8		B×C											
9		e1											
10		e2	54	0.300	0.006								
11		全体	80	5.533									
12													
13													
14		材質＼硬度	70°	80°	90°		材質＼幅	3 mm	4 mm	5 mm			
15		*α*	5.709	5.529	5.240		*α*	5.517	5.523	5.438			
16		*β*	5.890	5.627	5.130		*β*	5.692	5.458	5.497			
17		*γ*	5.732	5.568	5.257		*γ*	5.482	5.542	5.532			
18													
19		材質＼硬度	3 mm	4 mm	5 mm								
20		70°	5.820	5.756	5.756								
21		80°	5.606	5.570	5.548								
22		90°	5.266	5.198	5.163								

《交互作用を分散分析表に反映する》

交互作用についても分散分析を行って分散分析表に反映するには、表5・10の上部を**表5・15**のように因子の頭にアルファベットの記号と、交互作用の行（3行）を追加して改造します。

材質と硬度の交互作用：A×Bの自由度は、材質の自由度：2と硬度の自由度：2の積になりますから、セル（C6）には“4”を置数します。

A×Bの変動は表5・15にしめすようにセル（D6）に【=DEVSQ(C15：E17)*9−D3−D4】と記入します。その結果、“0.261”と表示されます。

同様にA×C、B×Dの自由度と変動を求めて分散分析表を埋めていきます。そして、今まで自由度が“20”だったe1の自由度は3つの交互作用の自由度

表5・16　交互作用も含めた分散分析の結果

(Spreadsheet columns A–M, rows 1–22)

	f	S	V	F0	p 値〔%〕
A：材質	2	0.043	0.021	3.86	2.7
B：硬度	2	4.477	2.239	403.4	0.0
C：幅	2	0.082	0.041	7.4	0.1
A×B	4	0.261	0.065	11.7	0.0
A×C	4	0.262	0.065	11.8	0.0
B×C	4	0.007	0.002	0.3	86.2
e1	8	0.102	0.013	2.3	3.4
e2	54	0.300	0.006		
全体	80	5.533			

	1	2	3
材質	5.493	5.549	5.519
硬度	5.777	5.574	5.209
幅	5.564	5.508	5.489

0.632

材質＼硬度	70°	80°	90°
α	5.709	5.529	5.240
β	5.890	5.627	5.130
γ	5.732	5.568	5.257

材質＼幅	3 mm	4 mm	5 mm
α	5.517	5.523	5.438
β	5.692	5.458	5.497
γ	5.482	5.542	5.532

材質＼硬度	3 mm	4 mm	5 mm
70°	5.820	5.756	5.756
80°	5.606	5.570	5.548
90°	5.266	5.198	5.163

の合計の“12”を引いて“8”になります。同様に、変動も“0.632”から3つの交互作用の変動の合計の“0.530”を引いて“0.102”になります。このe1の情報は、交互作用：A×B×Cに関する情報になります。

しかし、分散分析では、2つの因子がかかわるものだけの交互作用をとりあげます。その理由は、技術的に原理や原因を追究できる交互作用は2つの因子がかかわるものまでであって、3つの因子がかかわる交互作用は制御することができない、いわば人智がおよばない交互作用になるためです。

このように分散分析の自由度、変動を埋めて、さらに分散、分散比、p値を求めた結果、**表5・16**が得られます。

《分散分析の結果から結論を導く》

表５・16よりゴムの材質と硬度、ローラーの幅がグリップ力に及ぼす効果を定量的に確認することができます。そして、p値は硬度とローラー幅の交互作用以外のすべての因子、交互作用とも５％よりも小さい値になりました。したがって、つぎの結論が得られます。

結論１　材質βを選択すると材質αよりもグリップ力が大きくなる。ただし、有意水準５％での判定。

結論２　硬度70°を選択すると硬度90°よりもグリップ力が大きくなる。

結論３　ローラー幅３mmを選択するとローラー幅５mmよりもグリップ力が大きくなる。

結論４　材質と硬度には交互作用がある。

結論５　材質とローラー幅には交互作用がある。

結論６　硬度とローラー幅に交互作用があるとはいえない。

以上が交互作用も含めて実施する分散分析の方法と、結果として得られた情報の活用になります。

《観測された交互作用の可視化》

ここで、筆者がよく行っている交互作用の可視化について紹介します。

今回のグリップ力に関するゴムローラーの材質、硬度、ローラーの幅を取りあげて行った完備型実験の結果を、交互作用も含めて分散分析した結果、硬度とローラー幅以外の交互作用が１％有意になり、統計学的には材質と硬度、材質とローラー幅の２通りの因子の組みあわせに交互作用がある、という結論になりました。これはp値から導きだした結論です。

では、実際にはどのような交互作用があるのでしょうか。それは、表５・12から表５・14までの３つの表の数値で表現されています。しかし、数値だけでは状況を認識するのはむずかしいでしょう。そこで、交互作用をグラフ化します。それでは、材質と硬度の組みあわせを例に、交互作用を可視化するグラフの描き方を紹介します。

まず、表５・12に表示されている材質ごとに、硬度が違うとグリップ力がど

表5・17　交互作用可視化のための準備

	10	20	30
材質＼硬度	70°	80°	90°
α	5.709	5.529	5.240
β	5.890	5.627	5.130
γ	5.732	5.568	5.257

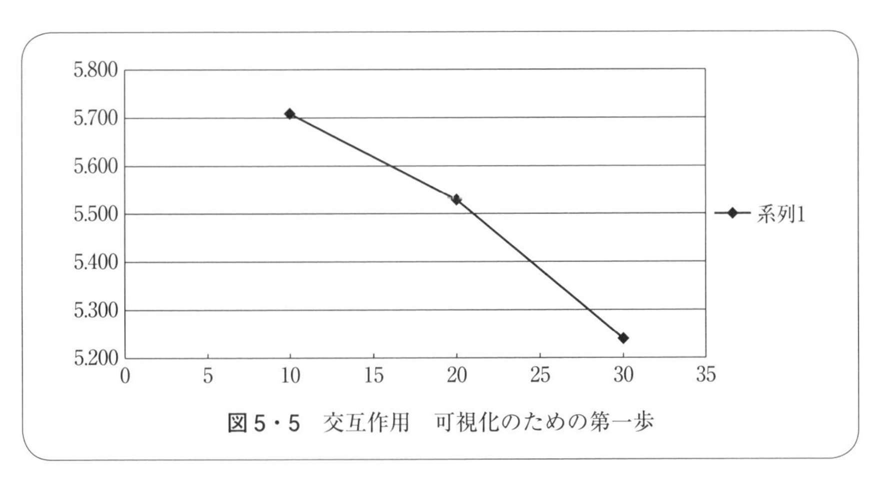

図5・5　交互作用　可視化のための第一歩

のように変わるか、という観点から可視化する場合、表5・12の上に**表5・17**のように“10”、“20”、“30”と置数します。これがグラフ化したときのx軸の情報になります。

つぎに、Excelのグラフウィザードを使って散布図を描くのですが、あらかじめ表5・17の枠で囲った2行を選択してからグラフウィザードを起動すると作業が楽になります。この2行を選択した状態でグラフウィザードを起動して、散布図の「データポイントを折れ線でつないだ散布図」を選択し、【完了】するだけで、とりあえず**図5・5**のようなグラフが得られます。

なお、筆者はExcel2000で描画していますので、よりバージョンがあたらしいExcelをお使いの方は、それぞれのバージョンに準拠した方法で描画してください。

得られたグラフに材質βと材質γに関する値も追加して、スケールの調整や

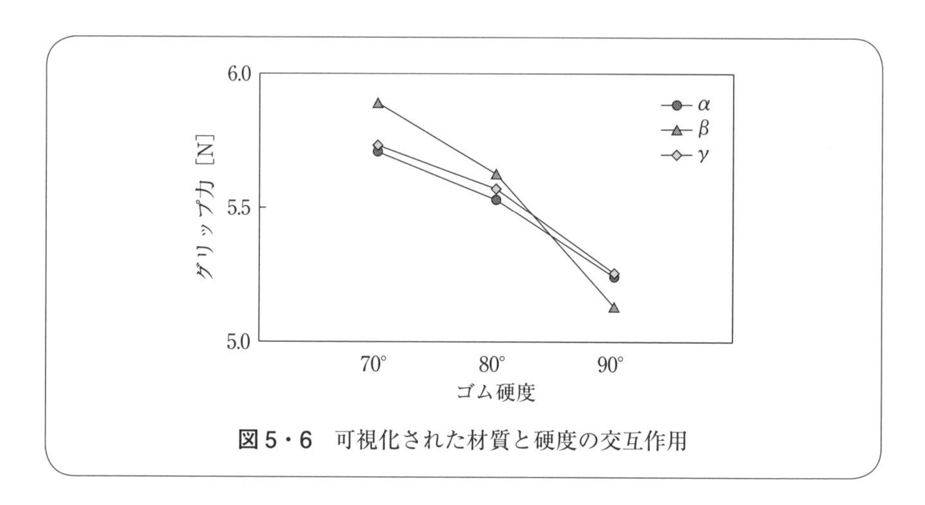

図5・6　可視化された材質と硬度の交互作用

プロットの書式、目盛の調整などを行うことで**図5・6**のようなグラフが得られ、交互作用の可視化ができました。

もし、材質と硬度のあいだに交互作用がなければ、図5・6の折れ線はすべて同じ屈曲をしめし、グリップ力に及ぼす材質の効果の違いだけ並行移動した形になるはずです。材質αと材質γは硬度の違いによるグリップ力の効果が同じような傾向にあるのに対して、材質βのゴム硬度を90°にするとグリップ力が急激に小さくなるという事実が、材質と硬度の間に「交互作用がある」ということをあらわしています。

《交互作用の推定値もあわせて可視化すると》

表5・16の右上の表は材質、硬度、ローラー幅の水準ごとの要因効果です。要因効果は、その因子、その水準を選ぶことで結果がどのような値を取るのか、を推定しているものです。したがって、材質αの要因効果である“5.493”と、硬度70°の要因効果である“5.777”をたして、全体平均（5.520）を1回引けば材質αの硬度70°でゴムローラーを作ったときのグリップ力の平均を推定できます。この平均とは、ローラーの幅3水準の違いによるグリップ力の変化を含んでいます。

$5.493+5.777-5.520=5.750$ N が材質αの硬度70°で作ったローラーのグリ

表 5・18　交互作用の推定値

	70°	80°	90°
α	5.751	5.548	5.183
β	5.807	5.604	5.239
γ	5.777	5.574	5.209

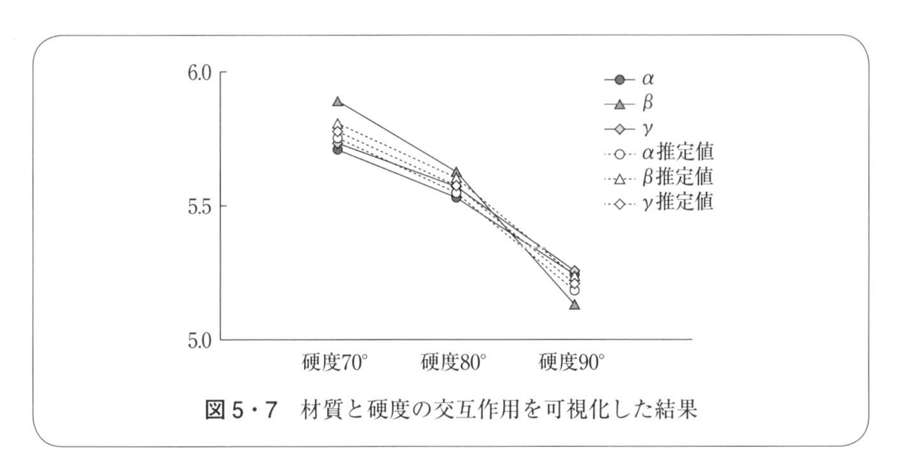

図 5・7　材質と硬度の交互作用を可視化した結果

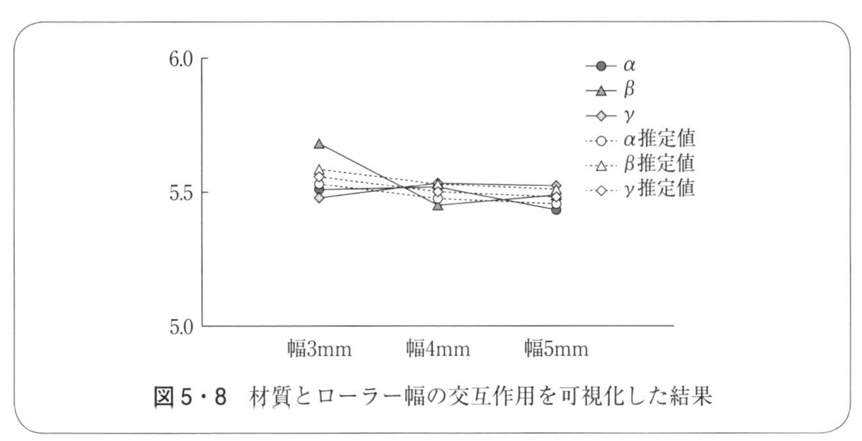

図 5・8　材質とローラー幅の交互作用を可視化した結果

ップ力の推定値です。同様に残りの 8 通りの組みあわせを計算してまとめたものが**表 5・18** で、これが交互作用の推定値です。

得られた交互作用の推定値を観測された交互作用を可視化したグラフに追加

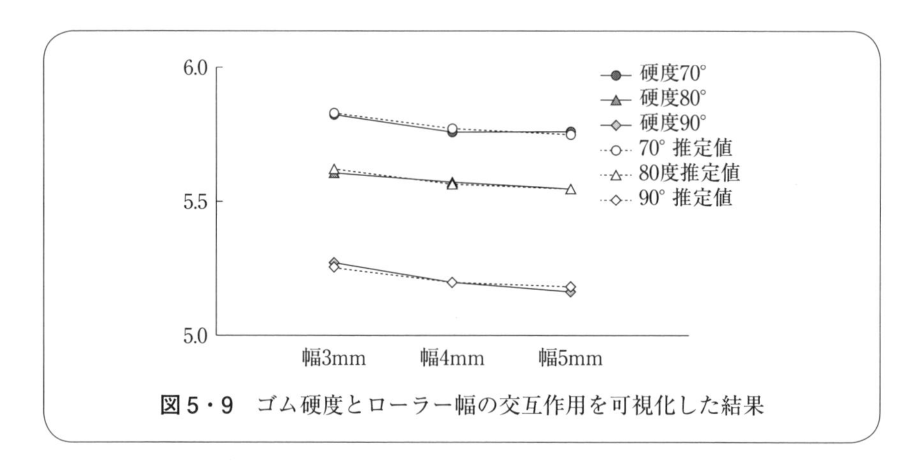

図5・9　ゴム硬度とローラー幅の交互作用を可視化した結果

することで3つのグラフが得られます。**図5・7**は材質と硬度の交互作用の観測結果と、要因効果から求めた交互作用の推定値を、材質ごとに硬度の違いをパラメータとして表示しています。白抜きのプロットを破線で結んだ線図が交互作用の推定値です。**図5・8**は材質とローラー幅の、**図5・9**は硬度とローラー幅の交互作用の観測結果と推定値を可視化した結果です。観測された交互作用と要因効果から推定した交互作用の折れ線の違いの傾向をみると、図5・7の材質とゴム硬度や図5・8の材質とローラー幅の交互作用に較べて、図5・9のゴム硬度とローラー幅の実際に観測された交互作用とその推定値の異なりが小さく、表5・16で変動がA×BやA×CよりもB×Cのほうが小さいことを、視覚をとおして確認できます。

第6章

実験計画法の基礎

6・1　実験計画法の目的

《再確認　なぜ実験計画法を使うのか》

第1章でも説明しましたが、分散分析を行うためには完備型の実験計画を立てて、くり返しのデータを採集する必要があります。因子とその水準が少なくて、くり返しの回数も少ないのであれば完備型の実験をやりきることは可能です。

しかし、因子と水準が多くなってくると、実験の組みあわせが多くなり、実験自体が長期化する可能性が高くなります。それにともなって、管理しきれない環境の変化や実験装置の変質など、誤差を増大させる要因が拡大します。なにより、実験用資材や実験工数にかかるコストと時間が膨大なものになってしまいます。

そこで、完備型でなくても分散分析ができるような実験のしくみや因子・水準の組みあわせが考案されました。この後解説するラテン方格や直交表といった因子と水準の組みあわせを提示してくれるツールを使い、そのルールにのっとって実験を行えば、少なくとも要因効果を定量的、かつ、公正に抽出でき、分散分析もできるようになります。このようなしくみに基づいて実験立案の支援をするためのきまりごとが実験計画法です。

つまり、目的は分散分析であり、実験計画法は目的を達成するための道具にすぎない、ということを再確認してください。

《実験計画法で得られた情報の信頼性》

因子内の水準選択を最適化することが目的の場合、完備型実験を実施すれば、複数の因子とその水準のなかから、目的や目標にしている結果にもっとも近い組みあわせをみつけることができます。しかし、実験計画法にのっとった実験では、すべての組みあわせのなかから抜粋した一部の組みあわせの実験しかしません。そのため、得られた要因効果を冷静に分析することにより、目的や目標とする結果が得られそうな組みあわせを推定していくことになります。

もし、因子間に交互作用があると、推定された要因効果が交互作用の効果により汚染されている可能性が高くなり、確実に最適化ができる保証はありません。したがって、実験計画を立案するとき、目についた因子とその水準たちを深い考えなしに採用していくと、分散分析で使えるデータを十分にあつめることができなくなる懸念もあります。これを防ぐ方法は後に解説します。以上をふまえてこの後の解説を読んでください。

6・2　ラテン方格法

《3×3×3の３元配置実験の組みあわせを分析する》

第５章の後半では、ゴムローラーの「材質」、「硬度」、「ローラー幅」という、それぞれ３水準からなる３つの因子について $3\times3\times3=27$ 通りの組みあわせで３回ずつくり返して実験し、グリップ力を計測する完備型実験を行いました。そして、分散分析を実施して各因子の水準ごとの要因効果を抽出し、その効果の違いが偶然誤差の範疇ではないことを F 検定により確認しました。

完備型の実験の特徴は、それぞれの因子の各水準とも、ほかの因子を構成しているすべての水準と、公平、公正に同じ回数だけ組みあわせられています。そのため、分散分析という土俵に乗せることができるのです。

逆に考えると、それぞれの因子が構成しているすべての水準が、ほかの因子を構成しているすべての水準と公平、公正に同じ回数だけ組みあわさっていれ

表6・1　ゴムローラーの材質、硬度、幅の組みあわせ

材質＼硬度	70°	80°	90°
α	3 mm	5 mm	4 mm
β	4 mm	3 mm	5 mm
γ	5 mm	4 mm	3 mm

表6・2　2×2×2のラテン方格

	B1	B2
A1	C1	C2
A2	C2	C1

	B1	B2
A1	C2	C1
A2	C1	C2

ば、分散分析の土俵に乗せることができるかもしれません。そこで、**表6・1**のようなゴムローラーの材質、硬度、ローラー幅の組みあわせを考えます。

このように組みあわせると、材質αは硬度70°、80°、90°すべてと組みあわせが実現できます。また、ローラー幅の3 mm、4 mm、5 mmすべてとの組みあわせも実現できます。材質βとγも同様です。そして、硬度とローラー幅についてもすべての組みあわせが実現できています。

材質、硬度、ローラー幅を3水準ずつで総あたりの完備型実験を計画すると、因子・水準の組みあわせだけで3×3×3＝27通りになるのですが、表6・1のように組みあわせれば9通りと完備型の1/3になります。

このような組みあわせをラテン方格といいます。ラテン方格を作れるのは、因子数が3ですべての水準の数が同じであることが条件です。つまり、すべての因子の水準数が同じであるとき、ラテン方格を作ることができる可能性があります。**表6・2**に2水準系のラテン方格、**表6・3**に3水準系のラテン方格をしめします。

2×2×2のラテン方格は表にしめす2通りしか存在しません。また、3×3×3のラテン方格は表6・3にしめす12通りが存在します。さらに、4×4×4のラテン方格は144個存在し、5×5×5のラテン方格は9408個存在します。

実用面からいえば最大でも4×4×4のラテン方格までが適切な実験組みあわ

表6・3　3×3×3のラテン方格

No. 1	B1	B2	B3
A1	C1	C2	C3
A2	C2	C3	C1
A3	C3	C1	C2

No. 2	B2	B3	B1
A1	C2	C3	C1
A2	C3	C1	C2
A3	C1	C2	C3

No. 3	B3	B1	B2
A1	C3	C1	C2
A2	C1	C2	C3
A3	C2	C3	C1

No. 4	B1	B3	B2
A1	C1	C3	C2
A2	C2	C1	C3
A3	C3	C2	C1

No. 5	B3	B2	B1
A1	C3	C2	C1
A2	C1	C3	C2
A3	C2	C1	C3

No. 6	B2	B1	B3
A1	C2	C1	C3
A2	C3	C2	C1
A3	C1	C3	C2

No. 7	B1	B2	B3
A1	C1	C2	C3
A3	C3	C1	C2
A2	C2	C3	C1

No. 8	B2	B3	B1
A1	C2	C3	C1
A3	C1	C2	C3
A2	C3	C1	C2

No. 9	B3	B1	B2
A1	C3	C1	C2
A3	C2	C3	C1
A2	C1	C2	C3

No. 10	B1	B2	B3
A1	C1	C2	C3
A3	C3	C1	C2
A2	C2	C3	C1

No. 11	B1	B3	B2
A1	C1	C3	C2
A3	C3	C2	C1
A2	C2	C1	C3

No. 12	B2	B1	B3
A1	C2	C1	C3
A3	C1	C3	C2
A2	C3	C2	C1

せになります。そのうえの5×5×5のラテン方格では実験回数は25回です。

これだけの実験を実施するならば、3個の因子の水準を5個にするのではなくて、別の因子を増やしたほうが得られる情報の量と品質が高くなる可能性が高いからです。

それでは、3×3×3のラテン方格にしたがう組みあわせについて調べてみましょう。**表6・4**に3因子3水準の総あたり組みあわせをしめしました。

そして、表6・3の12個の表にしめしたラテン方格にしたがう組みあわせは、表6・4の太い枠で囲った9通りの組みあわせになります。つまり、表6・3の12個の表の組みあわせはすべて同じ組みあわせだったということです。27通りの組みあわせのうち、1番、5番、9番、11番、15番、16番、21番、22番、26番の9通りがラテン方格にしたがう組みあわせになります。

表6・4　3×3×3の総あたりとラテン方格の関係

	A	B	C
1	A1	B1	C1
2	A1	B1	C2
3	A1	B1	C3
4	A1	B2	C1
5	A1	B2	C2
6	A1	B2	C3
7	A1	B3	C1
8	A1	B3	C2
9	A1	B3	C3
10	A2	B1	C1
11	A2	B1	C2
12	A2	B1	C3
13	A2	B2	C1
14	A2	B2	C2
15	A2	B2	C3
16	A2	B3	C1
17	A2	B3	C2
18	A2	B3	C3
19	A3	B1	C1
20	A3	B1	C2
21	A3	B1	C3
22	A3	B2	C1
23	A3	B2	C2
24	A3	B2	C3
25	A3	B3	C1
26	A3	B3	C2
27	A3	B3	C3

《3×3×3 ラテン方格の解析　要因効果の抽出》

表5・10で解析したカード搬送ローラーのグリップ力計測実験結果から、ラテン方格にしたがう組みあわせに該当するデータを抽出して解析してみます。まず、**表6・5**のように実験ごとに統計量をまとめます。こちらもひな型をダウンロードできる【教材フォルダ.zip】のなかにファイル『第6章教材.xls』にシート「3×3×3 ラテン方格」を収録してありますので活用してください。

つぎに、要因効果の表に、それぞれの因子・水準が関与した実験結果の平均の平均を求めます。

たとえば材質の第1水準であるαの要因効果は、セル(K3)に【=AVERAGE(F12：F14)】と記入します。すると、“5.493”と表示されます。同様にセル(L3)に【=AVERAGE(F15：F17)】、セル(M3)に【=AVERAGE(F18：

表6・5　3×3×3 ラテン方格による実験結果のまとめ

	A	B	C	D	E	F	G	H	I	J	K	L	M	N
1														
2			f	S	V	F0	p値〔%〕				1	2	3	
3		材質								材質	=AVERAGE(F12：F14)			
4		硬度								硬度	=AVERAGE(F12, F15, F18)			
5		幅								幅				
6		e1												
7		e2												
8		全体												
9														
10			f	S	V	m	n							
11		全体	26	1.426	0.055	5.536	27	材質	硬度	幅	グリップ力〔N〕			
12			2	0.010	0.005	5.770	3	α	70°	3	5.81	5.81	5.69	
13			2	0.001	0.000	5.540	3	α	80°	4	5.52	5.54	5.56	
14			2	0.001	0.001	5.170	3	α	90°	5	5.18	5.19	5.14	
15			2	0.027	0.013	5.800	3	β	70°	4	5.71	5.76	5.93	
16			2	0.006	0.003	5.560	3	β	80°	5	5.62	5.51	5.55	
17			2	0.000	0.000	5.297	3	β	90°	3	5.31	5.28	5.30	
18			2	0.001	0.000	5.820	3	γ	70°	5	5.81	5.81	5.84	
19			2	0.019	0.009	5.557	3	γ	80°	3	5.45	5.58	5.64	
20			2	0.016	0.008	5.310	3	γ	90°	4	5.41	5.28	5.24	

F20)】と記入すると、それぞれ、“5.552”と“5.562”が表示されます。

また、硬度の第1水準である70°の要因効果は、セル(K4)に【=AVERAGE(F12, F15, F18)】と記入することで求めることができます。すると、“5.797”と表示されます。

同様に、セル（L4）に【=AVERAGE(F13, F16, F19)】、セル（M4）に【=AVERAGE(F14, F17, F20)】と記入すると“5.552”と“5.259”が表示されます（**表6・6**）。

因子：幅についても同様に、セル（K5）に【=AVERAGE(F12, F17, F19)】と記入すると“5.541”が得られます。セル（L5）には【=AVERAGE(F13, F15, F20)】、セル（M5）には、【=AVERAGE(F14, F16, F18)】と記入することで、“5.550”、“5.517”が得られます。

表6・6　3×3×3のラテン方格による実験結果の要因効果

	A	B	C	D	E	F	G	H	I	J	K	L	M
1													
2			f	S	V	F0	p値〔%〕				1	2	3
3		材質								材質	5.493	5.552	5.562
4		硬度								硬度	5.797	5.552	5.259
5		幅								幅	5.541	5.550	5.517
6		e1											
7		e2											
8		全体											
9													
10			f	S	V	m	n						
11		全体	26	1.426	0.055	5.536	27	材質	硬度	幅	グリップ力〔N〕		
12			2	0.010	0.005	5.770	3	α	70°	3	5.81	5.81	5.69
13			2	0.001	0.000	5.540	3	α	80°	4	5.52	5.54	5.56
14			2	0.001	0.001	5.170	3	α	90°	5	5.18	5.19	5.14
15			2	0.027	0.013	5.800	3	β	70°	4	5.71	5.76	5.93
16			2	0.006	0.003	5.560	3	β	80°	5	5.62	5.51	5.55
17			2	0.000	0.000	5.297	3	β	90°	3	5.31	5.28	5.30
18			2	0.001	0.000	5.820	3	γ	70°	5	5.81	5.81	5.84
19			2	0.019	0.009	5.557	3	γ	80°	3	5.45	5.58	5.64
20			2	0.016	0.008	5.310	3	γ	90°	4	5.41	5.28	5.24

《完備型実験の要因効果と比較する》

ラテン方格を使う目的は、完備型の実験よりも少ない回数で、完備型の実験で得られる情報と同等の質と量の情報を得ることです。そこで、5・4節で得た3元配置の完備型実験の要因効果と、今回の3×3×3のラテン方格にしたがう組みあわせの実験結果を解析することで得られた要因効果を**表6・7**で比較しました。また、それをグラフにしたものが**図6・1**です。

それぞれの要因効果の値には少し違いがあらわれていますが、各因子を構成する水準の違いによる要因効果の傾向は、ほぼ、一致しています。

また、**図6・2**は横軸に完備型の実験結果から得た各因子・水準の要因効果、縦軸に3×3×3のラテン方格にしたがう組みあわせの実験結果から得た要因効果を散布した結果です。理想状態として両者がぴたりと一致すれば、原点を通る傾きが45°の直線上にならびます。

表6・7　完備型実験とラテン方格　要因効果解析結果の違い

完備型	1	2	3
材質	5.493	5.549	5.519
硬度	5.777	5.574	5.209
幅	5.564	5.508	5.489

ラテン方格	1	2	3
材質	5.493	5.552	5.562
硬度	5.797	5.552	5.259
幅	5.541	5.550	5.517

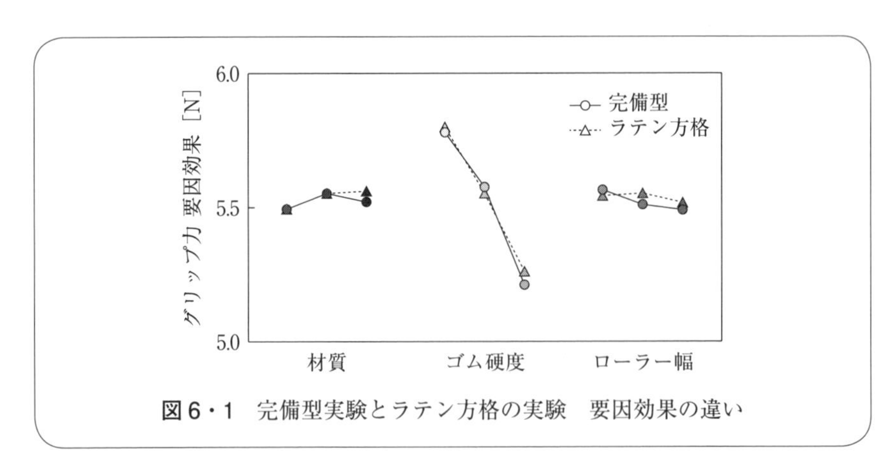

図6・1　完備型実験とラテン方格の実験　要因効果の違い

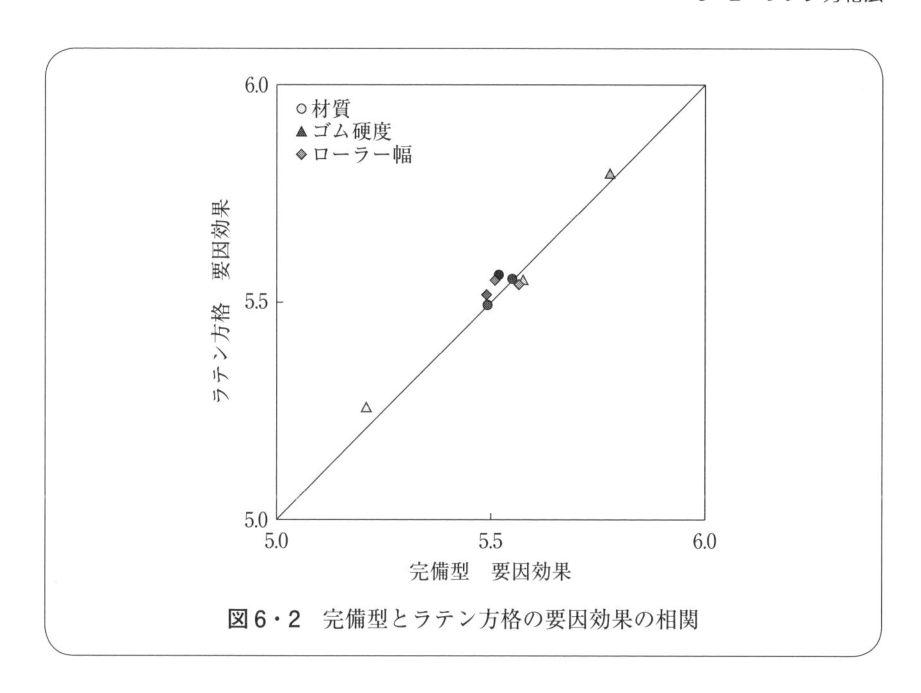

図6・2　完備型とラテン方格の要因効果の相関

《ラテン方格の実験結果を分散分析する　その1　自由度》

ラテン方格にしたがう組みあわせの実験結果についての分散分析のしかたは、基本的には完備型と同じです。ただし、自由度については注意が必要です。

まず、「材質」、「硬度」、「幅」はそれぞれ3水準あるので、今までと同様に、自由度は3−1=2になります。全体の自由度は全データ27個から1を引いて26になります。また、偶然誤差：e2の自由度は、9通りの実験ごとの自由度“2”の総和ですから、9×2=18になります。

そして、e1の自由度は自由度の加法性から、26−18−2−2−2=2になります。因子間の交互作用の自由度にしては、ぜんぜん足りません。この残りの“2”という自由度はなんなのでしょうか。これはL9直交表（次節）の説明であきらかになります。それまでお待ちください。

《ラテン方格の実験結果を分散分析する　その2　変動》

さて、少しもやもや感が残りますが、**表6・8**のように分散分析表の自由度：

表6・8　3×3×3のラテン方格　分散分析の自由度

	A	B	C	D	E	F	G	H	I	J	K	L	M
1													
2			f	S	V	F0	p値〔%〕				1	2	3
3		材質	2							材質	5.493	5.552	5.562
4		硬度	2							硬度	5.797	5.552	5.259
5		幅	2							幅	5.541	5.550	5.517
6		e1	2										
7		e2	18										
8		全体	26										
9													
10			f	S	V	m	n						
11		全体	26	1.426	0.055	5.536	27	材質	硬度	幅	グリップ力〔N〕		
12			2	0.010	0.005	5.770	3	α	70°	3	5.81	5.81	5.69
13			2	0.001	0.000	5.540	3	α	80°	4	5.52	5.54	5.56
14			2	0.001	0.001	5.170	3	α	90°	5	5.18	5.19	5.14
15			2	0.027	0.013	5.800	3	β	70°	4	5.71	5.76	5.93
16			2	0.006	0.003	5.560	3	β	80°	5	5.62	5.51	5.55
17			2	0.000	0.000	5.297	3	β	90°	3	5.31	5.28	5.30
18			2	0.001	0.000	5.820	3	γ	70°	5	5.81	5.81	5.84
19			2	0.019	0.009	5.557	3	γ	80°	3	5.45	5.58	5.64
20			2	0.016	0.008	5.310	3	γ	90°	4	5.41	5.28	5.24

fの列を埋めることができました。つぎは、変動：Sの列です。

分散分析表の材質の変動は、材質3種類についての要因効果の変動に9を掛けて求めます。9を掛けるのは、材質の1つの水準には9個のデータがかかわっているためです。そこで、データセル（D3）に【=DEVSQ(K3：M3)*9】と記入します。“9”のかわりに【=($G$11/3)】でもよいです。このときの“3”は材質の水準数です。その結果、“0.025”と表示されます。

同様に硬度の変動はセル（D4）に【=DEVSQ(K4：M4)*9】、幅の変動はセル（D5）に【=DEVSQ(K5：M5)*9】と記入すると、それぞれ“1.305”、“0.005”が表示されます。

全体の変動のセル（D8）にはセル（D11）の値を参照します。また、偶然誤差：e2の変動は、9通りの実験ごとの変動を総和した結果ですから、セル

(D7) に【=SUM(D12 : D20)】と記入します。すると、“0.080” と表示されます。

今はなにものかわからないe1の変動は、変動の加法性を利用して計算します。セル (D6) に【=D8−D7−D3−D4−D5】と記入します。すると、“0.010” と表示されます。以上で変動の計算が完了しました。

《ラテン方格の実験結果を分散分析する　その3　p値を求める》

分散 : V の列はそれぞれの変動をその自由度で割ります。その結果、材質から “0.012”、“0.653”、“0.003”、“0.005”、“0.004” が得られます。

分散比 : F0 はそれぞれの分散を偶然誤差の分散で割ります。たとえば、材質の分散比はセル (F3) に【=E3/$E$7】と記入します。すると、“2.8” と表示されます。同様にして、硬度の分散比は “146.2”、幅の分散比は “0.6”、e1 の分散比は “1.1” と表示されます。

いよいよ p 値を百分率で計算します。

セル (G3) に、【=FDIST(F3, C2, $C$7)*100】と記入します。その結果、“8.77” と表示されます。材質の p 値は、約 8.8 %ということです。同様にして、硬度の p 値は “7.4E−10 %”、幅の p 値は “55.9 %”、e1 の p 値は “34.8 %” という結果が得られました。完成した分散分析表を**表 6・9** にしめします。

以上より、

1. グリップ力への効果に材質間の違いがあるとはいえない。
2. 硬度 70° を選択すると硬度 90° よりもグリップ力が大きくなる。
3. グリップ力への効果に、ローラー幅の違いがあるとはいえない。

という結論が得られました。

残念ながら、ラテン方格にしたがう組みあわせの実験では交互作用の効果を確認することはできません。

以上がラテン方格にしたがう実験計画を立案し、その計画にのっとって実験を実施して得られたデータに対して行った分散分析のながれの説明になります。

表６・９　3×3×3 のラテン方格の実験　分散分析の結果

	A	B	C	D	E	F	G	H	I	J	K	L	M
1													
2			f	S	V	F0	p 値〔%〕				1	2	3
3		材質	2	0.025	0.012	2.8	8.8			材質	5.493	5.552	5.562
4		硬度	2	1.305	0.653	146.2	7.4E−10			硬度	5.797	5.552	5.259
5		幅	2	0.005	0.003	0.6	55.9			幅	5.541	5.550	5.517
6		e1	2	0.010	0.005	1.1	34.8						
7		e2	18	0.080	0.004								
8		全体	26	1.426									
9													
10			f	S	V	m	n						
11		全体	26	1.426	0.055	5.536	27	材質	硬度	幅	グリップ力〔N〕		
12			2	0.010	0.005	5.770	3	α	70°	3	5.81	5.81	5.69
13			2	0.001	0.000	5.540	3	α	80°	4	5.52	5.54	5.56
14			2	0.001	0.001	5.170	3	α	90°	5	5.18	5.19	5.14
15			2	0.027	0.013	5.800	3	β	70°	4	5.71	5.76	5.93
16			2	0.006	0.003	5.560	3	β	80°	5	5.62	5.51	5.55
17			2	0.000	0.000	5.297	3	β	90°	3	5.31	5.28	5.30
18			2	0.001	0.000	5.820	3	γ	70°	5	5.81	5.81	5.84
19			2	0.019	0.009	5.557	3	γ	80°	3	5.45	5.58	5.64
20			2	0.016	0.008	5.310	3	γ	90°	4	5.41	5.28	5.24

6・3　L9 直交表を使う

《L9 直交表の本質》

前節で 3×3×3 のラテン方格にしたがう実験計画にのっとって採集したデータに関する、要因効果の抽出と分散分析のながれを説明しました。そして、e1 として自由度が“2”あまる事実も紹介しました。

1・3 節で L9 直交表について、簡単な紹介をしました。この節では L9 直交表を使った実験計画法の立案から分散分析までのながれを解説します。

それでは、L9 直交表の本質にせまります。**表６・10** として L9 直交表をしめします。

表6・10　L9直交表

水準＼因子	A	B	C	D
1	A1	B1	C1	D1
2	A2	B2	C2	D2
3	A3	B3	C3	D3

	A	B	C	D
No. 1	A1	B1	C1	D1
No. 2	A1	B2	C2	D2
No. 3	A1	B3	C3	D3
No. 4	A2	B1	C2	D3
No. 5	A2	B2	C3	D1
No. 6	A2	B3	C1	D2
No. 7	A3	B1	C3	D2
No. 8	A3	B2	C2	D3
No. 9	A3	B3	C1	D1

さて、表6・10のなかの枠で因子A、B、Cが関与する太線で囲った部分の水準をみると、表6・4でしめした3元配置の完備型から抽出した3×3×3のラテン方格にしたがう組みあわせと同じになっています。つまり、3×3×3のラテン方格にしたがう実験計画では、もう1つ3水準の因子Dを追加することができるのです。実は、L9直交表の“L”は『ラテン』の頭文字です。

L9直交表を使うことにより、3水準からなる4因子について分散分析が可能な実験を立案することができるのです。3×3×3×3＝81通りの完備型実験を9通りの組みあわせの実験に集約できるのがL9直交表になります。

《3×3×3のラテン方格の実験をL9直交表として解析する》

それぞれ3水準からなる4つの因子に関するL9直交表を使って得たデータを解析する前に、前節の3×3×3のラテン方格にしたがった実験結果をL9直交表にのっとった実験結果として解析してみます。なお、直交表にのっとった実験で、直交表の所定の位置に因子とその水準をあてはめて配置することを

表6・11　L9直交表　実験結果の解析フォーマット

	A	B	C	D	E	F	G	H	I	J	K	L	M
1													
2			f	S	V	F0	p値〔%〕				1	2	3
3		材質	2	0.025	0.012	2.8	8.8			材質	5.493	5.552	5.562
4		硬度	2	1.305	0.653	146.2	7.4E-10			硬度	5.797	5.552	5.259
5		幅	2	0.005	0.003	0.6	55.9			幅	5.541	5.550	5.517
6		e1	2	0.010	0.005	1.1	34.8		0.010		5.547	5.552	5.509
7		e2	18	0.080	0.004		一致する						
8		全体	26	1.426						ブランク因子の変動			
9													
10			f	S	V	m	n						
11		全体	26	1.426	0.055	5.536	27	材質	硬度	幅	グリップ力〔N〕		
12			2	0.010	0.005	5.770	3	α	70°	3	5.81	5.81	5.69
13			2	0.001	0.000	5.540	3	α	80°	4	5.52	5.54	5.56
14			2	0.001	0.001	5.170	3	α	90°	5	5.18	5.19	5.14
15			2	0.027	0.013	5.800	3	β	70°	4	5.71	5.76	5.93
16			2	0.006	0.003	5.560	3	β	80°	5	5.62	5.51	5.55
17			2	0.000	0.000	5.297	3	β	90°	3	5.31	5.28	5.30
18			2	0.001	0.000	5.820	3	γ	70°	5	5.81	5.81	5.84
19			2	0.019	0.009	5.557	3	γ	80°	3	5.45	5.58	5.64
20			2	0.016	0.008	5.310	3	γ	90°	4	5.41	5.28	5.24

「割りつける」、または、「割付」といいます。

L9直交表にのっとった実験結果を解析するフォーマットを**表6・11**にしめします。これは表6・9をコピーして要因効果の表の「幅」の下に、第4の因子の要因効果を計算する枠を追加したものです。

要因効果の表には「材質」、「硬度」、「幅」の要因効果が得られています。これは、3×3×3のラテン方格にしたがう実験結果を解析したときとまったく同じ工程で計算します。

さらに、枠を追加します。この4番目の因子には何も割りつけていませんので、因子の名前はブランクにしておきます。このブランク因子の要因効果について、第1水準から第3水準までの要因効果を計算します。

表6・10にしめしたL9直交表のD列に割りつけられている水準の番号ごと

に実験結果の平均の平均を計算します。

セル（K6）に【＝AVERAGE(F12, F16, F20)】、セル（L6）に【＝AVERAGE(F13, F17, F18)】、セル（M6）に【＝AVERAGE(F14, F15, F19)】と記入します。すると、“5.547”、“5.552”、“5.509”と表示されます。

それでは、この3つの要因効果の変動をセル（I6）で計算してみます。セル（I6）に【＝DEVSQ(K6：M6)＊9】と記入します。すると、“0.010”と表示されます。そして、この結果は分散分析表で、変動の加法性から計算したe1の変動と一致していることを確認してください。

e1という結果であらわれる何も割りつけられていないはずのL9直交表のD列には、すべての水準が同じ選択肢であると考えられる仮想の3水準が割りつけられているという事実です。そのため、3×3×3のラテン方格にしたがう実験結果の分散分析で、e1の自由度が2になっていたのです。

このように、L9直交表にのっとった実験計画を立案し、実験の組みあわせごとにくり返してデータを採集すれば、各列に割りつけた因子とその水準に関する要因効果を抽出できます。そして、偶然誤差も分離できるので F 検定を行い、それぞれの因子について要因効果の有意性を判断することができます。

しかし、残念ながら完備型よりも圧倒的に少ない実験データからでは得られる情報量の絶対量が小さいので、交互作用については検証することができません。

《L9直交表でカード搬送用ローラーの設計諸元を最適化する》

3×3×3のラテン方格にしたがう実験計画と同じ実験の組みあわせで、もう1つ3水準の因子について実験に組みこむことができ、それを解析できるのですからL9直交表はとても有効です。

そこで、今まで解析の対象としてきたカード搬送用ローラーのゴムの「材質」、「硬度」、「幅」にもう1つ3水準の因子を取りあげて、それを加えて再実験することにしました（**図6・3**）。

今までの経験から、カード搬送用ローラーのグリップ力には、硬度や幅といったローラーのつぶれに影響を及ぼす可能性がある因子が関与しています。そ

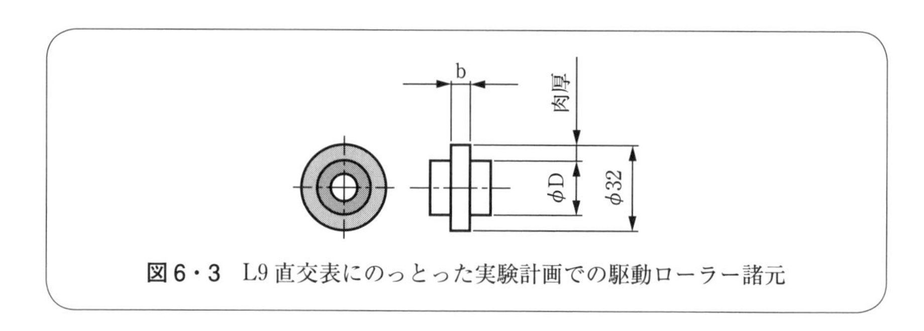

図6・3　L9直交表にのっとった実験計画での駆動ローラー諸元

表6・12　L9直交表　実験結果を解析するフォーマット

	A	B	C	D	E	F	G	H	I	J	K	L	M	N
1														
2			f	S	V	F0	p値〔%〕					1	2	3
3		材質									材質	5.468	5.501	5.543
4		硬度									硬度	5.722	5.549	5.241
5		幅									幅	5.514	5.483	5.514
6		肉厚									肉厚	5.484	5.552	5.476
7		e2												
8		全体												
9														
10			f	S	V	m	n							
11		全体	26	1.189	0.046	5.504	27	材質	硬度	幅	肉厚	グリップ力〔N〕		
12			2	0.000	0.000	5.677	3	α	70°	3	3	5.68	5.68	5.67
13			2	0.001	0.000	5.540	3	α	80°	4	4	5.52	5.54	5.56
14			2	0.006	0.003	5.187	3	α	90°	5	5	5.15	5.16	5.25
15			2	0.011	0.006	5.670	3	β	70°	4	5	5.74	5.68	5.59
16			2	0.004	0.002	5.537	3	β	80°	5	3	5.50	5.52	5.59
17			2	0.000	0.000	5.297	3	β	90°	3	4	5.31	5.28	5.30
18			2	0.001	0.000	5.820	3	γ	70°	5	4	5.81	5.81	5.84
19			2	0.018	0.009	5.570	3	γ	80°	3	5	5.66	5.58	5.47
20			2	0.015	0.008	5.240	3	γ	90°	4	3	5.14	5.30	5.28

こで、つぶれに影響しそうな、ゴムローラーの肉厚を因子として採用し、実験データを追加することにしました。

表6・12に実験結果と、それを解析した結果である統計量、および、要因効果をしめします。表6・11とは異なり分散分析表には、e1の行はなく、肉

厚を割りつけることになります。

L9直交表にのっとった実験結果だからといって、分散分析を埋めていく作業は特別なものではなく、今までと同じようにすすめていきます。

「材質」、「硬度」、「幅」、「肉厚」の自由度はすべて2です。全体の自由度はセル（C11）の“26”を参照します。偶然誤差の自由度は、自由度の加法性を利用して計算します。“18”になります。これは、9通りの実験で3回くり返してデータを採集しているので、実験ごとの自由度“2”の総和と一致します。

変動は各因子3水準の要因効果の変動に、それぞれの水準が関与した実験データ数の“9”を掛けた値になります。

分散比、p値の計算も今まで学習してきた方法と同じです。

たとえば、材質の変動はセル（D3）に、【=DEVSQ(L3：N3)*9】と記入します。すると、“0.026”と表示されます。同じように硬度、幅、肉厚の変動を計算すると、“1.069”、“0.006”、“0.032”が求まります。全体の変動は、セル（D11）を参照します。

そして、e2の変動は変動の加法性を使って求めても、9通りの実験結果から求めた実験ごとの変動の総和として求めてもかまいません。

ここまでの作業で**表6・13**が得られます。

それぞれの因子のp値は、「材質」3.5％、「硬度」2.3×10^{-10}％、「幅」41.9％、「肉厚」1.9％になりました。材質と肉厚は5％有意、硬度は1％有意となりますが、幅には統計的な有意性は確認できません。

以上の結果より、つぎの結論が導かれます。

カード搬送用の駆動ローラーに巻きつけるゴムに関して、

1. 材質はαよりもγを使うと、グリップ力が高くなる。
2. 硬度を70°にすると、もっともグリップ力が高くなる。
3. ゴムローラーの幅は現状では、最適な水準を判断することができない。
4. ゴムローラーの肉厚は4 mmにすると、もっともグリップ力が高くなる。

この結論からもっともグリップ力を大きくする条件は、材質βで硬度70°、肉厚4 mmになります。幅については、現状得ているデータでは、最適な情報を導きだすことはできません。

表６・13　L9 直交表にのっとった実験の分散分析結果

	A	B	C	D	E	F	G	H	I	J	K	L	M	N
1														
2			f	S	V	F0	p 値〔%〕					1	2	3
3		材質	2	0.026	0.013	4.056	3.5				材質	5.468	5.501	5.543
4		硬度	2	1.069	0.534	168.0	2.3E−10				硬度	5.722	5.549	5.241
5		幅	2	0.006	0.003	0.9	41.9				幅	5.514	5.483	5.514
6		肉厚	2	0.032	0.016	5.0	1.9				肉厚	5.484	5.552	5.476
7		e2	18	0.057	0.003									
8		全体	26	1.189										
9														
10			f	S	V	m	n							
11		全体	26	1.189	0.046	5.504	27	材質	硬度	幅	肉厚	グリップ力〔N〕		
12			2	0.000	0.000	5.677	3	α	70°	3	3	5.68	5.68	5.67
13			2	0.001	0.000	5.540	3	α	80°	4	4	5.52	5.54	5.56
14			2	0.006	0.003	5.187	3	α	90°	5	5	5.15	5.16	5.25
15			2	0.011	0.006	5.670	3	β	70°	4	5	5.74	5.68	5.59
16			2	0.004	0.002	5.537	3	β	80°	5	3	5.50	5.52	5.59
17			2	0.000	0.000	5.297	3	β	90°	3	4	5.31	5.28	5.30
18			2	0.001	0.000	5.820	3	γ	70°	5	4	5.81	5.81	5.84
19			2	0.018	0.009	5.570	3	γ	80°	3	5	5.66	5.58	5.47
20			2	0.015	0.008	5.240	3	γ	90°	4	3	5.14	5.30	5.28

6・2 節で実施した 3×3×3 のラテン方格にしたがう実験結果の結論と比べると、ラテン方格の実験では材質とローラー幅の有意性が確認できなかったのに対して、L9 直交表にのっとった実験結果の分散分析では、材質 γ と α、および、幅 4 mm とほかの幅（3 mm、あるいは、5 mm）という水準の違いが、グリップ力に及ぼす効果に違いがある、ということが明確になりました。

《完備型、L9 直交表、3×3×3 のラテン方格の比較》

ここまで、3 水準からなる 3 因子について実施した完備型と、3×3×3 のラテン方格にしたがう実験、および、3 水準からなる 4 因子について実施した L9 直交表にのっとった実験から、「材質」、「ゴム硬度」、「ローラー幅」について、3 通りの要因効果と分散分析の結果からそれぞれの p 値が得られました。

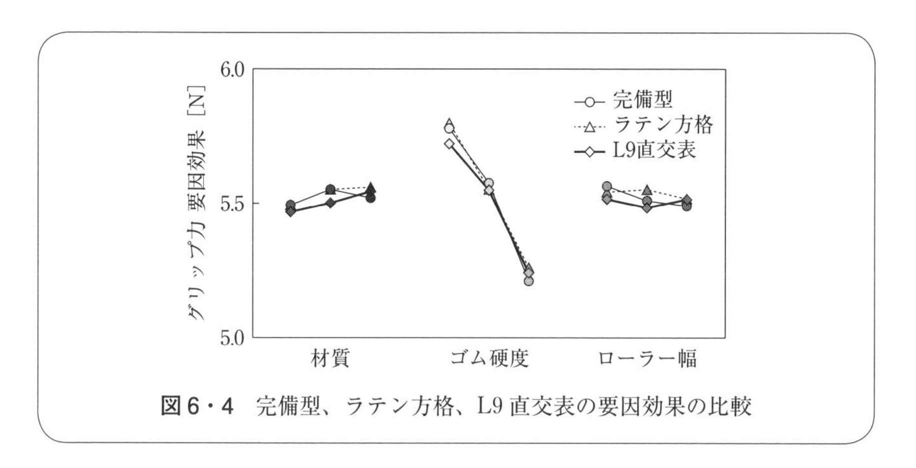

図 6・4　完備型、ラテン方格、L9 直交表の要因効果の比較

表 6・14　完備型、ラテン方格、L9 直交表　因子の p の比較

%表示の p 値	材質	硬度	幅
完備型	2.9	1.1×10^{-30}	0.2
ラテン方格	8.8	7.4×10^{-10}	55.9
L9 直交表	3.5	2.3×10^{-10}	41.9

ここで、これら 3 通りの結果をまとめます。

材質については、完備型実験による 5・4 節の結論では、グリップ力がもっとも大きくなるのは 5 %有意で β でしたが、L9 直交表では 5 %有意で γ になりました。幅については、完備型実験では、1 %有意で幅 3 mm がもっともグリップ力を大きくするという結論でしたが、ラテン方格、L9 直交表、いずれの結果も幅の水準の違いがグリップ力に及ぼす効果に違いがあるとはいえない、という結果になりました。

以上の結果を**図 6・4** と**表 6・14** にしめします。

ここまでの状況では、このような違いがあります。実験計画に立て方によって、得られる情報は変化します。くわしくは第 8 章で紹介します。

《直交表への割付について》

ここまで、L9 直交表にのっとったそれぞれ 3 水準からなる 4 因子で計画された実験結果の解析方法を解説してきました。L9直交表にのっとった実験では、因子間の交互作用を分離して解析することはできません。もし、因子間に交互作用があった場合、解析結果にどのような影響を及ぼすか、については第7章で紹介します。

実験を計画するとき、システムの入出力関係に影響を及ぼしそうな要因の中から、因子として取りあげるものの個数、および、その水準の個数から適切な直交表を決めることになります。

ここまでL9直交表しか紹介していませんが、このほかにもいろいろなサイズの直交表が用意されています。しかし、直交表ごとに解析結果に影響を及ぼすいろいろな特性がありますので、使用する直交表の特性をしっかりと把握してから、どの列にどの因子を割りつけるべきかを決める必要があります。

割付のテクニックについても第7章で紹介します。

第7章

直交表の性質と割付の工夫

7・1　直交表の性質を調べる

《直交表の種類と交互作用の関係》

直交表は、因子に割りつけることができる水準数に注目して2水準系と3水準系の直交表に分類されます。ことばどおり、それぞれの因子に2水準を割りつけることができる直交表が2水準系直交表で、L4、L8、L12、L16などの直交表が存在します。また、3水準系の直交表にはこれまで活用してきたL9やL27直交表が存在します。

そして、直交表には2水準、3水準の列がある混合型直交表もあり、L18、L36直交表が知られています。Lのあとにつづく数字は、実験の組みあわせの個数をしめします。

直交表にのっとって実験した結果は分散分析できますが、それは直交表に割りつけた複数の因子が独立に、かつ、加法性をもって結果系に対して影響を及ぼすことを前提としています。そのため、因子間に交互作用が存在すると、データを解析した結果である要因効果や分散分析の結果は、信頼性の低いものになってしまう懸念があります。

2水準系、3水準系の直交表の多くは、交互作用が存在する因子を割りつけると、その交互作用が特定の列に影響を及ぼし、加法性を前提として抽出している要因効果を汚染します。

一方、混合型のL18、L36直交表は、交互作用が全体の列に分散されるため、交互作用による特定の列の汚染が軽減されます。しかし、一部の列に交互作用の影響が出る場合もあります。これについては、7・3節で具体的に説明します。なお、２水準系であってもL12直交表は、交互作用が全体の列に分散される直交表になります。

分散分析を目的として直交表を使う実験計画を立案するときには、使おうとしている直交表の特性をしっかりと確認してから割付を行う必要があります。

《交互作用をあらわす線点図とは》

参考としてL8直交表を**表７・１**にしめします。L8直交表では、２水準からなる最大７つの因子を割りつけることができます。

L8直交表の因子・水準８通りの組みあわせの下に"a"、"b"、"ab"と書いてあります。aはA列に割りつけた因子、bはB列に割りつけた因子を意味しています。C列のabはaの因子とbの因子の交互作用がこの列にあらわれることをしめしています。同様に、aとdの交互作用はE列に、bとdの交互

表７・１　L8直交表

	A	B	C	D	E	F	G
第１水準	1	1	1	1	1	1	1
第２水準	2	2	2	2	2	2	2

L8直交表	A	B	C	D	E	F	G
No. 1	1	1	1	1	1	1	1
No. 2	1	1	1	2	2	2	2
No. 3	1	2	2	1	1	2	2
No. 4	1	2	2	2	2	1	1
No. 5	2	1	2	1	2	1	2
No. 6	2	1	2	2	1	2	1
No. 7	2	2	1	1	2	2	1
No. 8	2	2	1	2	1	1	2
交互作用	a	b	ab	d	ad	bd	abd

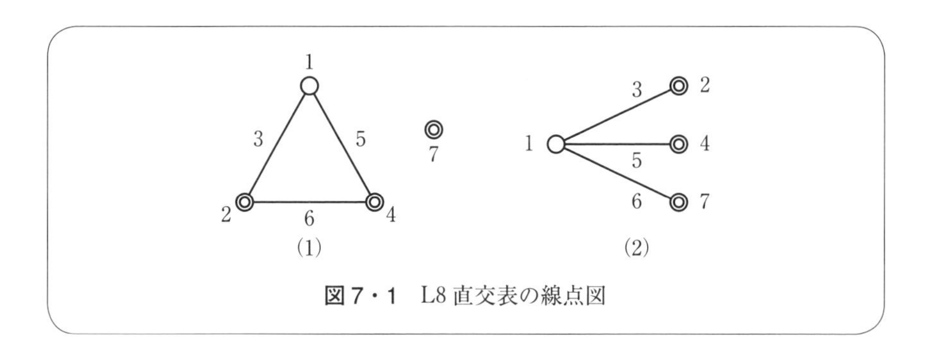

図7・1　L8 直交表の線点図

作用はＦ列にあらわれます。そして、Ｇ列にはａ、ｂ、ｃの３つの交互作用があらわれます。この内容については、後ほど具体的に紹介します。

なお、“d” と表記している因子をしめす記号ですが、一般的には “c” と書かれています。ただし、この表記だと列の記号 “D” との整合性がとれなくなるため、本書ではこのように記述しています。

直交表の特性については、『線点図』という表示により確認することができます。しかし、交互作用の影響の出方を直感的にイメージすることができにくいのが欠点です。**図7・1**にL8 直交表の線点図をしめします。

○と◎に添えられた数字が列の番号です。そして、○と◎の列に交互作用が存在する因子を割りつけたとき、それらをつなぐ線に添えられた数字が交互作用のあらわれる列をしめしています。L8 直交表では、第１列と第２列に割りつけた因子間に交互作用があると、第３列にその影響があらわれます。

表７・１の交互作用の行にしめした内容を比較してください。

《交互作用の確認方法を提案する》

本書では、交互作用を認識するために別の確認方法を提案します。まず、L8 直交表でその方法について簡単に説明をし、そのあとL9 直交表で確認します。

加法性が成立することを前提としている直交表に割りつける仮想情報に交互作用を与える手段として、『掛け算』が使えます。

表7・2はL8 直交表の水準の番号 “1” と “2” をそのまま数値とみたて、

表７・２　L8 直交表　完全加法性が成立する場合の要因効果

	A	B	C	D	E	F	G	演算結果
No. 1	1	1	1	1	1	1	1	7
No. 2	1	1	1	2	2	2	2	11
No. 3	1	2	2	1	1	2	2	11
No. 4	1	2	2	2	2	1	1	11
No. 5	2	1	2	1	2	1	2	11
No. 6	2	1	2	2	1	2	1	11
No. 7	2	2	1	1	2	2	1	11
No. 8	2	2	1	2	1	1	2	11

第１水準	10	10	10	10	10	10	10	全体平均
第２水準	11	11	11	11	11	11	11	10.5

すべての因子の足し算として表右端の演算結果を出力しています。そして、その結果から各因子・水準の要因効果を直交表の下にしめしています。この結果より、すべての因子で第１水準の要因効果は“10”、第2水準の要因効果は“11”になっていて、第２水準と第１水準の要因効果の差は“1”になり、完全な加法性が成立している場合、L8 直交表を使った解析結果は正確に水準が結果系に及ぼす効果を正確に抽出できています。

ここからは、【教材フォルダ.zip】の『第７章.xls』のシート「L8」を参照しながら読みすすめてください。

L8 直交表の A、B、D 列のみ、第１水準に数値“1”、第２水準に数値“2”を割りつけて同様に要因効果を求めた結果が**表７・３**です。また、この関係を可視化したグラフが**図７・２**です。図７・２のように複数の因子・水準の要因効果をまとめてあらわすグラフを要因効果図といいます。

A、B、D の３つの因子間に完全な加法性が成立している場合は、要因効果図は A、B、D の因子だけに水準の違いによる要因効果の違いがあらわれます。

３因子間のなかのいずれかの２因子間、または、３因子すべてに交互作用があるときの要因効果図をまとめて**図７・３**にしめします。

図７・３をみると、まず、交互作用がある因子の要因効果は少し過大に評価

表7・3　A、B、D 列のみに割りつけて完全加法性が成立する

	A	B	C	D	E	F	G	演算結果
No. 1	1	1		1				3
No. 2	1	1		2				4
No. 3	1	2		1				4
No. 4	1	2		2				5
No. 5	2	1		1				4
No. 6	2	1		2				5
No. 7	2	2		1				5
No. 8	2	2		2				6
第 1 水準	4	4	4.5	4	4.5	4.5	4.5	全体平均
第 2 水準	5	5	4.5	5	4.5	4.5	4.5	4.5

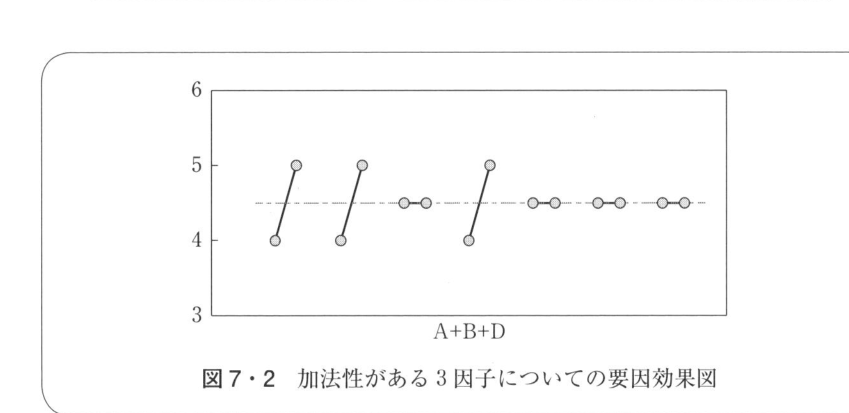

図7・2　加法性がある 3 因子についての要因効果図

されます。そして、直交表にしめした交互作用があらわれる列、たとえば、A×B の交互作用 ab があらわれる C 列は、水準間の要因効果が異なっています。ほかの 2 水準間の交互作用がある場合も、直交表にしめされた交互作用があらわれる列の水準間の要因効果の違いという形であらわれます。

足し算として結果に影響を与える因子については、水準間の要因効果の違いが正確にあらわれます。

さて、3 因子すべてがかかわる交互作用が存在する場合は、一番下の要因効果図のように、3 つの因子の要因効果が過大に評価されます。さらに、ab、ac、

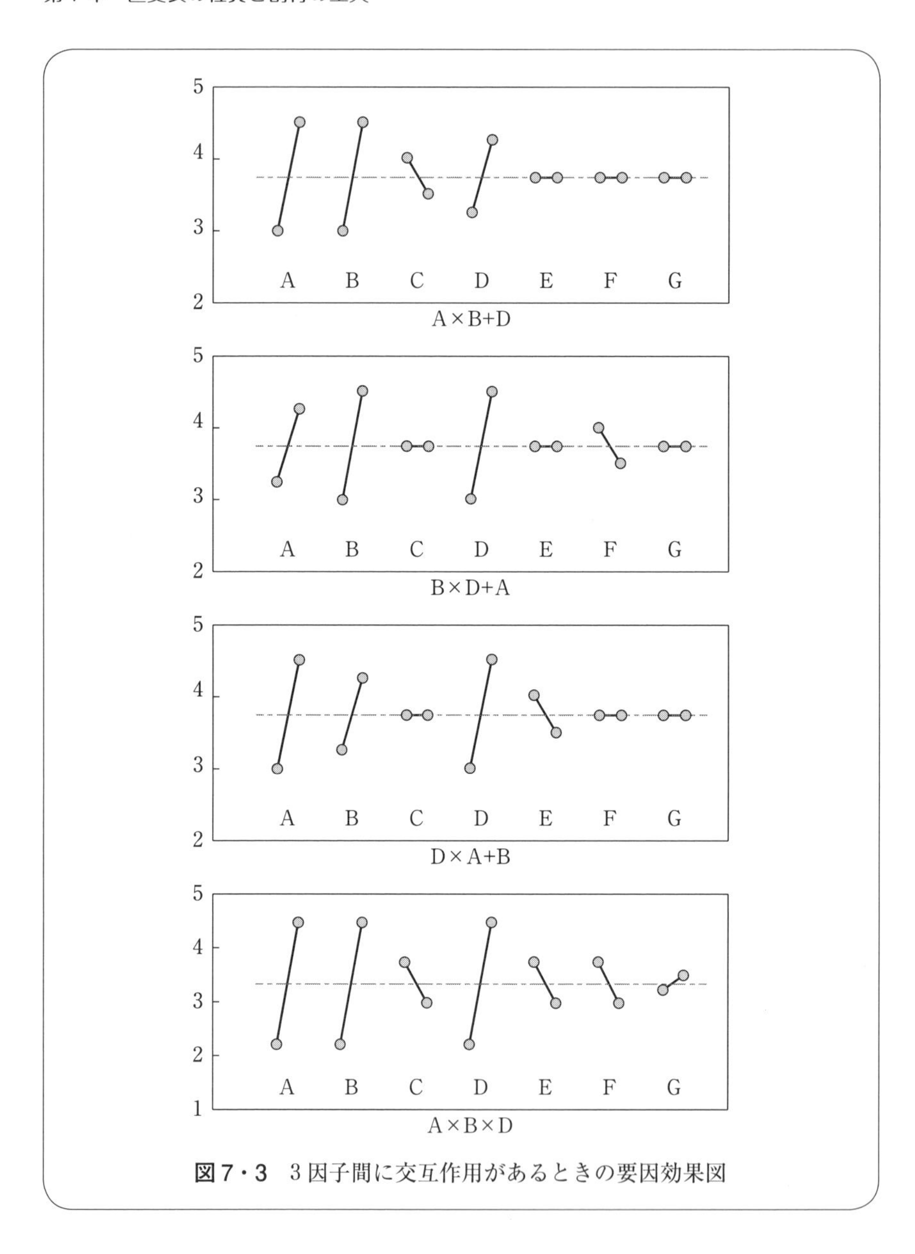

図７・３　３因子間に交互作用があるときの要因効果図

bdがあらわれる列すべてに要因効果の違いがあらわれます。そして、abcがあらわれるG列にも要因効果の違いがあらわれます。

これらの結果から、L8直交表への割付に関していくつか注意するべき点があきらかになります。

1. L8直交表は、最大で2水準からなる7つの因子を割りつけることができる。
2. 交互作用の存在が懸念される1対の因子が1組あると考えられる場合は、それらの因子はA、B、D列のどれかに割りつける。
3. 上記2項で、たとえばA、B列を使った場合、C列には因子を割りつけない。その結果、C列の要因効果を確認することで、A、B列に割りつけた因子間の交互作用の有無を確認できる。
4. 交互作用の存在が未知の場合、A、B、D列に3つの因子しか割りつけることができない。このとき、$2^3=8$通りとなって、L8直交表を使っても2水準3因子の完備型実験になってしまう。
5. G列に交互作用の結果があらわれるのは、A、B、D列に割りつけた因子すべてがかかわる交互作用が存在する場合だけである。
6. そのため、3因子すべてがかかわる交互作用の存在の懸念がないときには、A、B、D、G列の4列に因子の割付が可能となり、完備型の1/2の実験回数で評価が可能になる。

7・2　交互作用は要因効果にどのようにあらわれるか

《L8直交表に交互作用が1組ある場合》

L8直交表のうまみを最大限に活かすには、2水準で構成される7つの因子を割りつけることです。7つの因子が結果系に対して完全に加法性が成立する場合は、正確な解析ができますが、少なくとも1対の2因子間に交互作用が存在すると、その2つの因子を割りつけた列の違いにより、運命的に解析結果に違いが生じるということを知ってください。

図7・4に1対だけ交互作用が存在するときに、割りつけた列の違いによっ

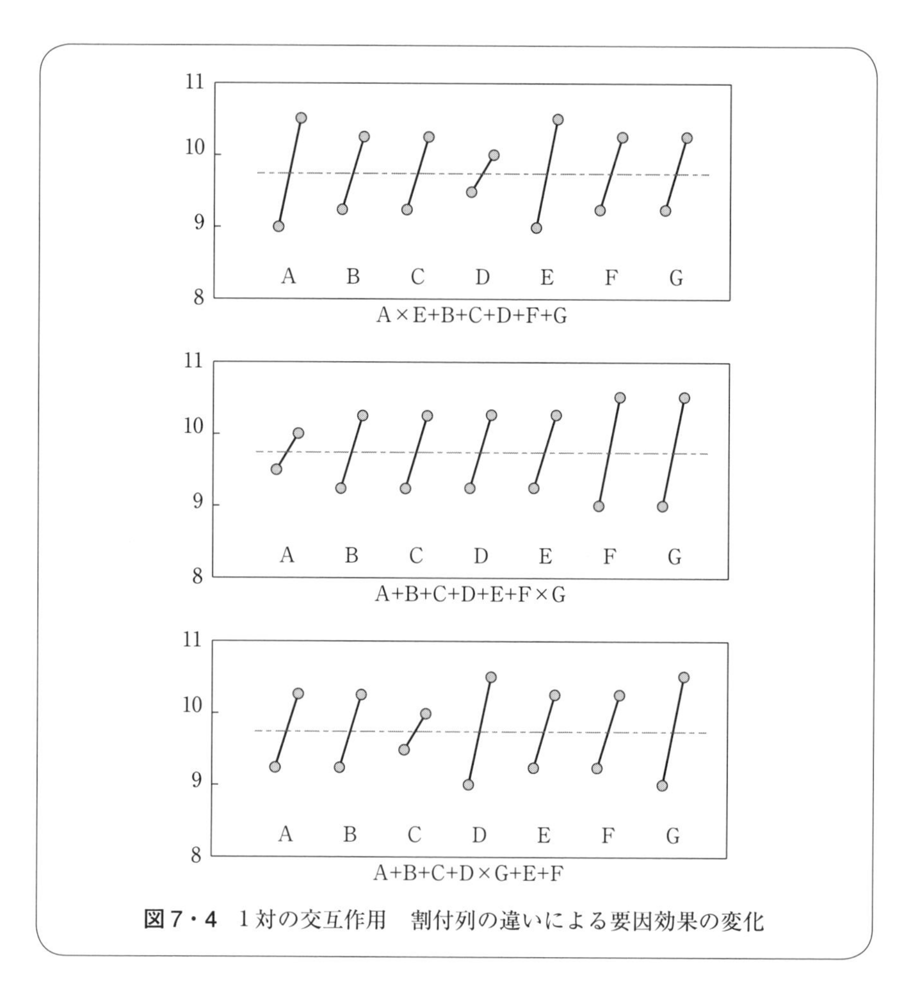

図７・４　１対の交互作用　割付列の違いによる要因効果の変化

て要因効果図にどのような違いがあらわれるか、いくつかの事例をまとめましたので参考にしてください。

《L9 直交表での交互作用を調べる》

L9 直交表の場合、Ａ列とＢ列に交互作用がある場合、その影響がＣ列とＤ列にあらわれます。A、Ｂ列のみ、第１水準に“1”、第２水準に“2”、第３水準に“3”を割りつけて、Ａ列×Ｂ列の掛け算の結果から求めた要因効果図を**図７・５**にしめします。

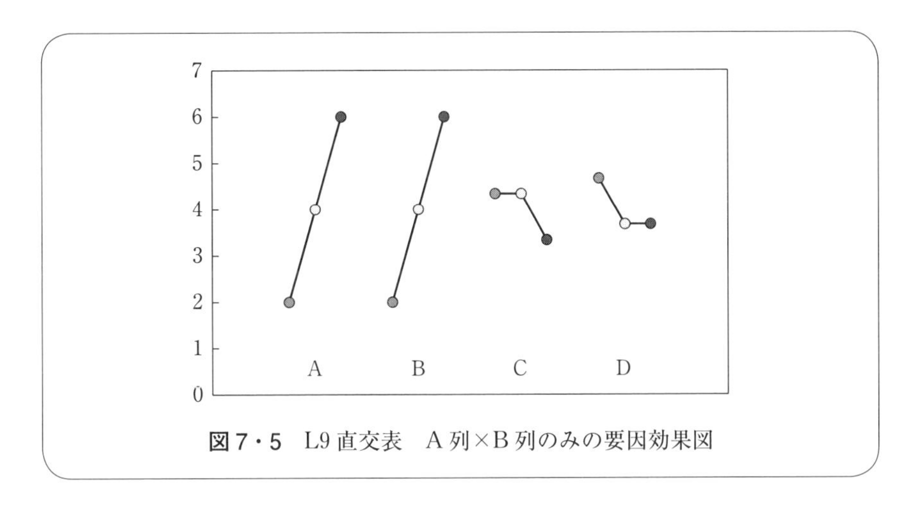

図7・5　L9 直交表　A 列×B 列のみの要因効果図

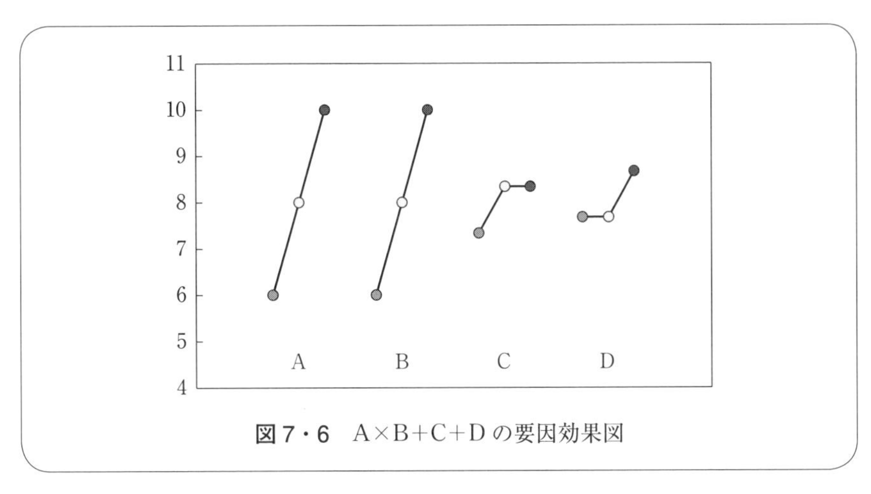

図7・6　A×B+C+D の要因効果図

図からあきらかなように、A、B 列に割りつけた水準の要因効果は過大に見積もられ、何も割りつけていない C 列、D 列に水準間の要因効果の違いがみられます。

L9 直交表はいずれかの 2 因子間に交互作用があると、その因子の要因効果が正しく評価されず、ほかの列に割りつけた因子の要因効果も汚染されます。

ここで A 列×B 列に C 列、D 列を足し算としてあたえて、A×B+C+D の結果から求めた要因効果図を**図7・6**にしめします。

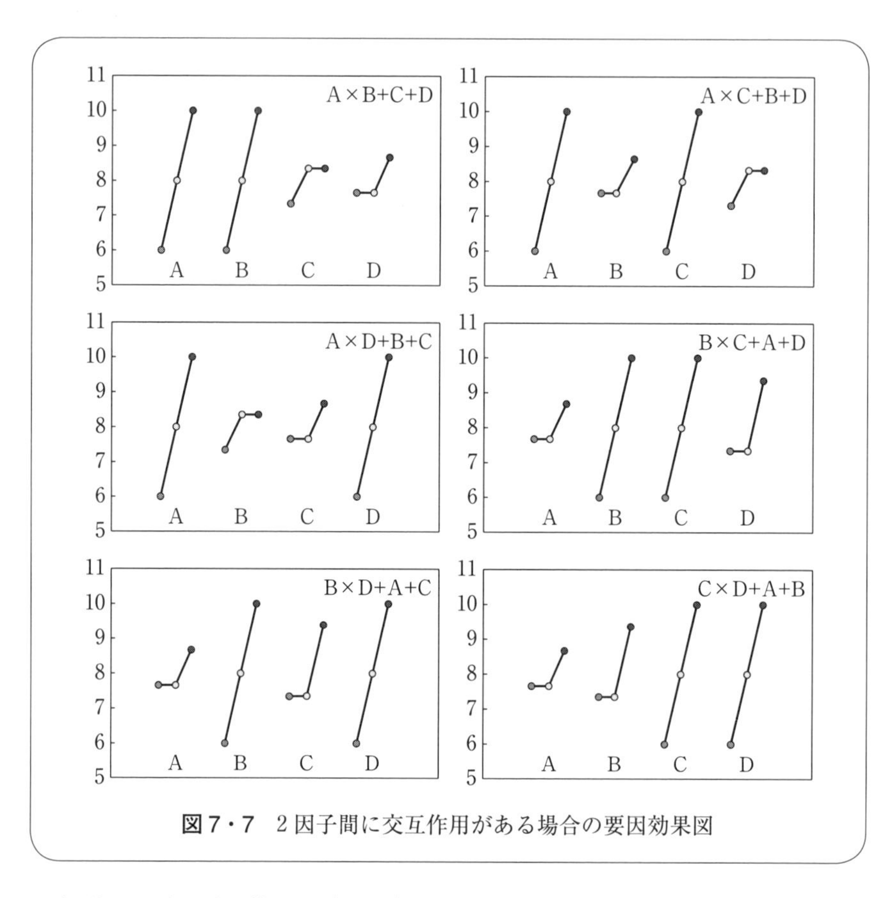

図7・7　2因子間に交互作用がある場合の要因効果図

A列、B列の要因効果の並びと幅は変化しませんが、C、D列の要因効果の並び方は図7・5とは異なります。

L9直交表に割りつける因子のなかの任意の2因子に掛け算という交互作用をあたえ、ほかの因子は足し算で結果系に影響を及ぼすようにすると、6通りの組みあわせができます。図7・6の結果もふくめ、6通りの組みあわせそれぞれでの要因効果図を**図7・7**にまとめました。

さらに、3因子間に交互作用がある場合の4通りの組みあわせと、4因子間に交互作用がある場合の1通りの組みあわせについての要因効果図を**図7・8**にまとめました。

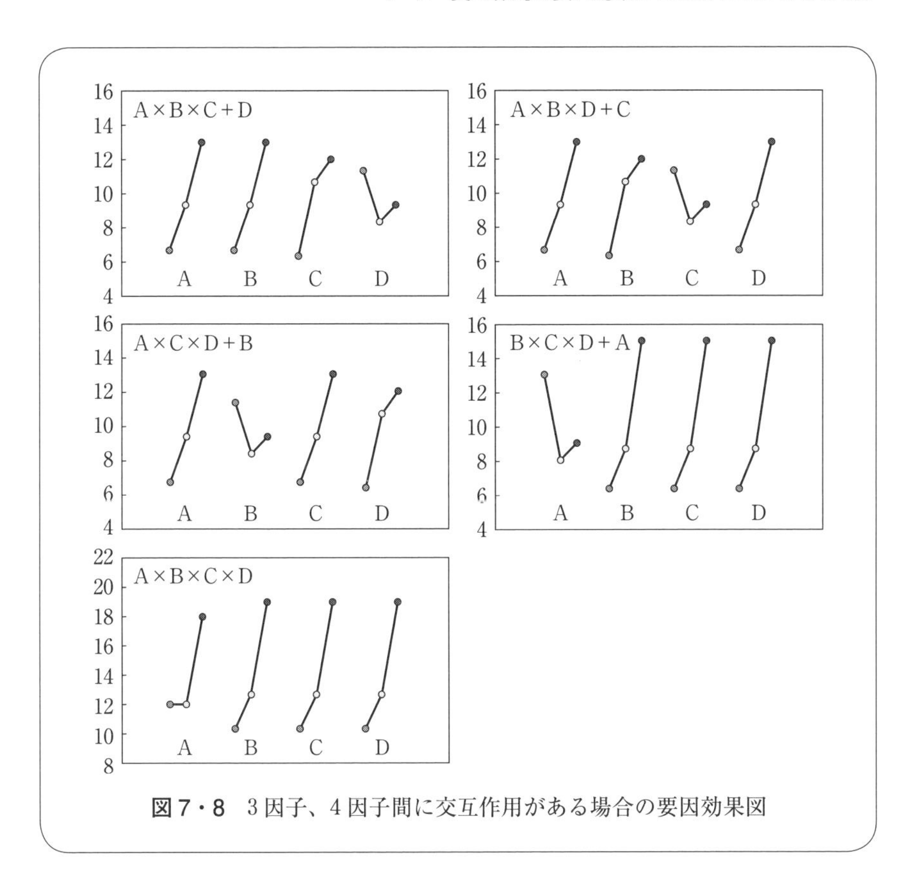

図7・8　3因子、4因子間に交互作用がある場合の要因効果図

《交互作用の影響を軽減するには》

L8直交表やL9直交表について、掛け算を交互作用とみたてて、交互作用が要因効果に及ぼす影響を確認してきました。

因子間の交互作用の存在は要因効果に悪影響を及ぼすことが確認できたと思います。したがって、実験計画を立案するときには、なるべく交互作用が発生しないように工夫して因子を割りつける必要があります。これについては、後ほど解説します。

交互作用の存在を知る、知らないを問わず、結果として交互作用がある因子を割りつけて実験してしまった場合、実験結果から要因効果を抽出するときに

表7・4　因子間に交互作用がある結果を対数変換すると

	A	B	C	D	y＝A×B+C+D	Log(y)
No. 1	1	1	1	1	3	0.477
No. 2	1	2	2	2	6	0.778
No. 3	1	3	3	3	9	0.954
No. 4	2	1	2	3	7	0.845
No. 5	2	2	3	1	8	0.903
No. 6	2	3	1	2	9	0.954
No. 7	3	1	3	2	8	0.903
No. 8	3	2	1	3	10	1.000
No. 9	3	3	2	1	12	1.079

一工夫すると、交互作用の影響を軽減できる計算上の処理があるので紹介します。

たとえば、図7・6にしめした2因子間に交互作用がある（A×B+C+D）の場合の直交表と計算結果、および、計算結果を対数変換した値を**表7・4**にしめします。そして、対数変換した結果（Log(y)）から求めた要因効果図と、さらに要因効果を真値にもどして得た値で描いた要因効果図を**図7・9**にしめします。

図7・6ではC列の第2水準、第3水準、および、D列の第1水準、第2水準の違いがあらわれていませんでした。しかし、結果を対数変換してから要因効果を求めると大きさは正確な値ではありませんが、本質的な水準効果の違いが顕在化します。

そして、その要因効果の値を真値にもどすことで、実際の要因効果の値に近い値が得られました。

それでは、もともと因子間に加法性が成立している場合、対数変換をして問題が起きないか、を確認します。【教材フォルダ.zip】のなかにある『第7章.xls』を開くとシート「L9」があり、L9直交表でA～D列の水準の値を総和した結果と、その値を対数変換してから求めた要因効果、そして、その要因効果の値を真値にもどした結果をみることができます。

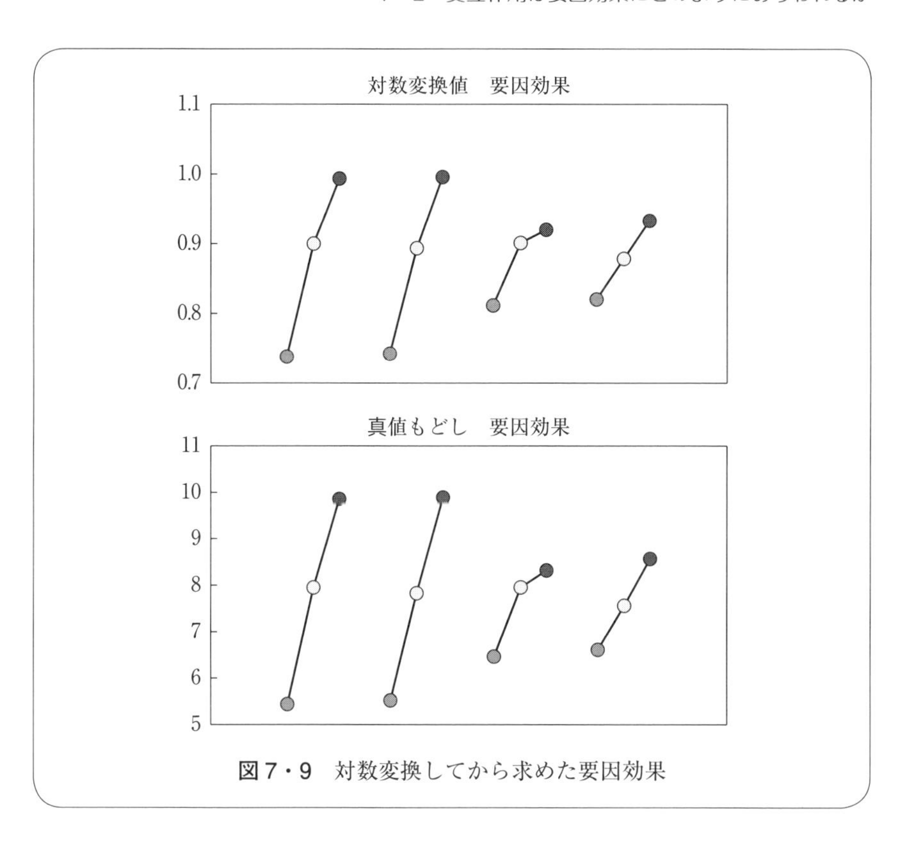

図7・9　対数変換してから求めた要因効果

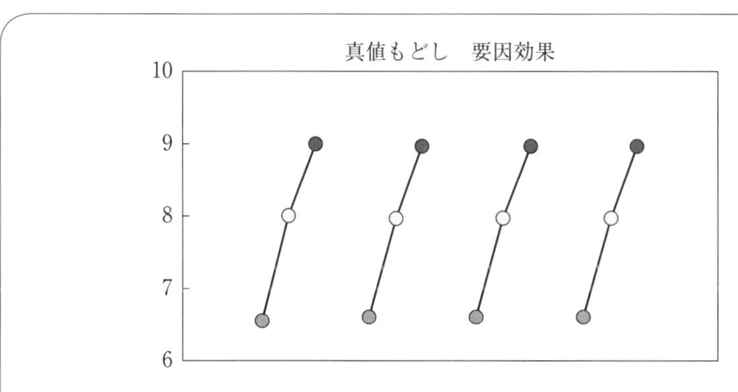

図7・10　加法性が成立している結果を対数変換して要因効果を求め、その値を真値にもどしたときの要因効果図

要因効果の大きさは少し大きく見積もられますが、並びは各列とも公正に評価されています。

なお、『第7章.xls』のシート「L9」や「L8」、および、「L18」の直交表の右にある結果：yの列に、AからDの値を参照する式を入力することで、交互作用の検証を実施できますので、ぜひ、ご自身で確認してください。デフォルトはシート「L9」では“A+B+C+D”、シート「L8」では、“A+B+C+D+E+F+G”になっています（図7・10）。

7・3　直交表への割付

《直交表の因子数より少ない因子を割りつけるには》

分散分析を目的とする実験計画を立てて、実験に組みこむ因子やその水準を決めた後、直交表を選ぶことになるのですが、ここで気がかりなことがあるかもしれません。

もし、因子の数が直交表の因子の数より少なくても、解析上問題が発生しないか、というものです。これについては、ご心配は無用です。多くの場合、割りつけていない列には、割りつけていないなりの解析結果があらわれます。つまり、割りつけた因子間の交互作用が小さい場合には、割りつけを行っていない列の要因効果は水準間で大きな違いはでません。そこにあらわれる要因効果の異なりは、偶然誤差になります。

L8直交表に4つの因子を割りつけた場合、A、B、D、G列に割りつけるべきであることを7・1節で紹介しました。これは、たとえばA列とB列に割りつけた因子間に交互作用がある場合、C列にその影響があらわれるからです。

このように、交互作用を検証することを目的としてL8直交表などの2水準系直交表を使うことができます。ただし、L12直交表はこの目的では使えません。

L18直交表の場合、A列とB列はほかのC～H列とは異なる特性の列になります。そのため、L18直交表で割りつけることができる8因子よりも少ない場合には、A、B列には割りつけないようにしてください。

A、B列の特性の違いは、ダウンロードした【教材フォルダ.zip】のなかの

表7・5　L18 直交表　すべての因子の積を結果とした場合

	A	B	C	D	E	F	G	H	結果：y	LOG(y)
No. 1	1	1	1	1	1	1	1	1	1	0.000
No. 2	1	1	2	2	2	2	2	2	64	1.806
No. 3	1	1	3	3	3	3	3	3	729	2.863
No. 4	1	2	1	1	2	2	3	3	72	1.857
No. 5	1	2	2	2	3	3	1	1	72	1.857
No. 6	1	2	3	3	1	1	2	2	72	1.857
No. 7	1	3	1	2	1	3	2	3	108	2.033
No. 8	1	3	2	3	2	1	3	1	108	2.033
No. 9	1	3	3	1	3	2	1	2	108	2.033
No. 10	2	1	1	3	3	2	2	1	72	1.857
No. 11	2	1	2	1	1	3	3	2	72	1.857
No. 12	2	1	3	2	2	1	1	3	72	1.857
No. 13	2	2	1	2	3	1	3	2	144	2.158
No. 14	2	2	2	3	1	2	1	3	144	2.158
No. 15	2	2	3	1	2	3	2	1	144	2.158
No. 16	2	3	1	3	2	3	1	2	216	2.334
No. 17	2	3	2	1	3	1	2	3	216	2.334
No. 18	2	3	3	2	1	2	3	1	216	2.334

『第7章.xls』のシート「L18」で確認することができます。**表7・5**にしめすように、シート「L18」のセル（K8）から（K25）に、そのセルがある行の水準データをすべて掛けあわせて積を計算させます。

その結果、**図7・11**の要因効果図が得られます。図7・11のように、すべての因子の水準データを掛けあわせた結果から求めた要因効果図で、C列からH列の要因効果図の並びと、B列の要因効果図は形があきらかに異なります。また、第1水準の要因効果が小さいはずのA列は、並びが逆になっています。

したがって、値はともかく、要因効果の大きさ順に並んでくれるC列以降を優先的に割りつけるようにしましょう。

ただし、18個の結果をすべて対数変換してから要因効果を求めると、値の

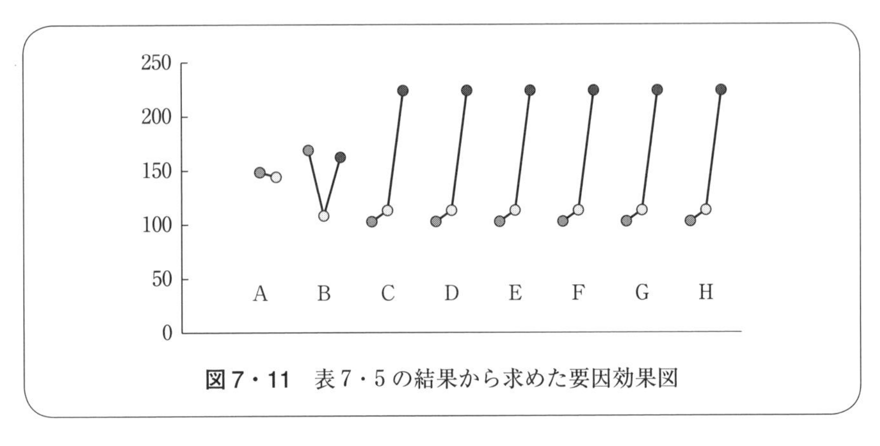

図７・11　表７・５の結果から求めた要因効果図

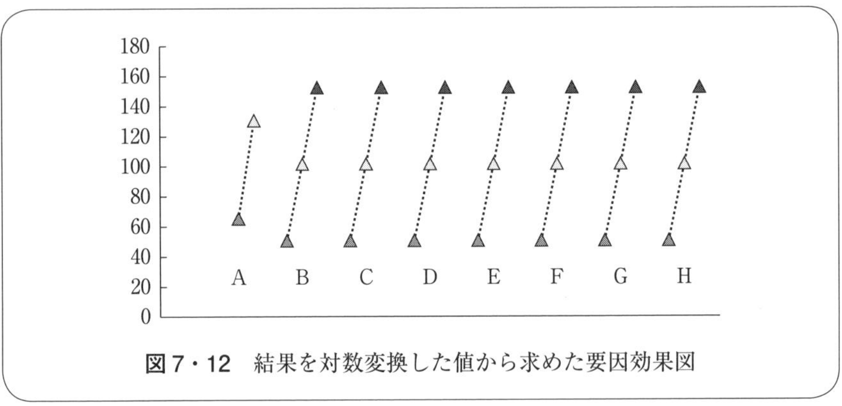

図７・12　結果を対数変換した値から求めた要因効果図

大きさは違いますが、**図７・12**のように正しい並び方をする要因効果図が得られます。

《直交表の水準数よりも少ない水準を割りつける場合》

３水準系の直交表に割りつける因子の水準は３個なければいけないわけではありません。2水準しか選択肢がない因子も割りつけることができます。ただし、要因効果の計算はできますが、２水準のままで分散分析をすることはできません。

３水準の列に２水準を割りつけるには、３水準のうちの２つに１つの水準を割りつけます。そして、残りの水準にもう１つの水準を割りつけます。そして、

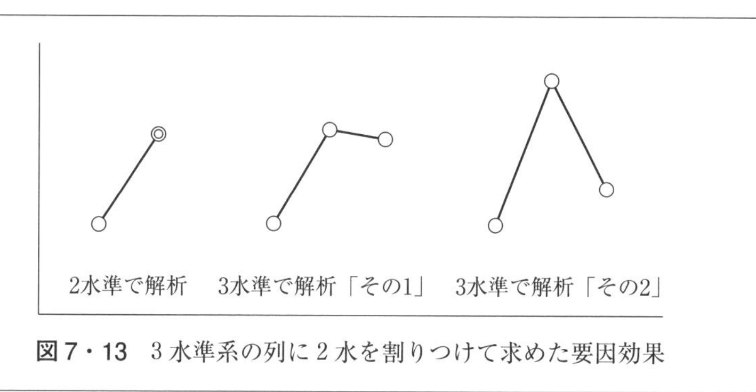

図7・13　3水準系の列に2水を割りつけて求めた要因効果

要因効果を計算するときには、それぞれの水準がかかわった実験結果の平均を計算します。このため、2つの水準がそれぞれかかわるデータ数が異なるため、直交表に仕組まれている直交性が失われてしまい、分散分析のまな板に載せることができなくなります。

3水準系の列に2水準しか割りつけなかったときでも、2水準として要因効果を計算するだけでなく、直交表に指示されたとおりの3水準で解析も実施したほうがよいでしょう。たとえば、直交表の第1水準に1個、第2水準と第3水準に残りの1個の水準を割りつけて解析した結果、**図7・13**の2水準で解析した結果（左）と、3水準で解析した結果の要因効果図が、その1（中央）のようになっていた場合、第2水準に割りつけた水準の要因効果は信頼できそうです。しかし、その2（右）のようになっていた場合、交互作用の影響などがあるものと考えられ、得られた情報の信頼性は低くなります。

もし、2水準の割りつけで実験を行い、解析して得られた2水準での解析結果と3水準での解析結果との関係が図7・13の「その1」のようなときは、3水準の割付として分散分析をすることができます。しかし、「その2」のようになったときには3水準の割付として分散分析を行い、第1水準と第2水準の関係が統計的に有意となったとしても、その結果を信頼することはできません。

以上が3水準の列に2水準の割付を行ったときの注意点になります。

表7・6　L8直交表に4水準を割りつける

	A	D	E	F	G
No. 1	1	1	1	1	1
No. 2	1	2	2	2	2
No. 3	2	1	1	2	2
No. 4	2	2	2	1	1
No. 5	3	1	2	1	2
No. 6	3	2	1	2	1
No. 7	4	1	2	2	1
No. 8	4	2	1	1	2

表7・7　L18直交表に6水準を割りつける

	A & B	C	D	E	F	G	H
実験 No. 1	1	1	1	1	1	1	1
実験 No. 2	1	2	2	2	2	2	2
実験 No. 3	1	3	3	3	3	3	3
実験 No. 4	2	1	1	2	2	3	3
実験 No. 5	2	2	2	3	3	1	1
実験 No. 6	2	3	3	1	1	2	2
実験 No. 7	3	1	2	1	3	2	3
実験 No. 8	3	2	3	2	1	3	1
実験 No. 9	3	3	1	3	2	1	2
実験 No. 10	4	1	3	3	2	2	1
実験 No. 11	4	2	1	1	3	3	2
実験 No. 12	4	3	2	2	1	1	3
実験 No. 13	5	1	2	3	1	3	2
実験 No. 14	5	2	3	1	2	1	3
実験 No. 15	5	3	1	2	3	2	1
実験 No. 16	6	1	3	2	3	1	2
実験 No. 17	6	2	1	3	1	2	3
実験 No. 18	6	3	2	1	2	3	1

《4 水準以上の割付》

因子として取りあげたい要因の選択肢が 3 個より多い場合も、当然起こりえます。**表 7・6** のように L8 直交表の場合、A～C 列を 1 つの列とみなすことで実験番号 No. 1 と No. 2 の 2 行に第 1 水準、No. 3 と No. 4 の 2 行に第 2 水準というように 4 水準の割付を行うことができます。

割りつけることができる因子の数は 5 つになりますが、4 水準の因子を 1 つ割りつけることができます。

また、L18 直交表の場合、**表 7・7** のように A、B の 2 列を使うことで 6 水準の割付を行うことができます。

要因効果、および、分散分析の計算方法は通常の要因効果の計算や分散分析の方法と同じです。

7・4　交互作用の影響を軽減するための割付の工夫

《カミコプターの実験とは》

これまでくり返して述べてきたように、実験に組みこんだ因子間に交互作用が存在すると、得られた要因効果や分散分析の結果から得られる情報の品質は低いものになってしまいます。

評価・解析の対象としているモノゴトについて、十分な知見や固有技術を持っていなければ、因子として取りあげた要因間の交互作用の存在に気づくことは難しいことです。目についた要因を深い考えなしで割りつけてしまうことは危険です。直交表への割付には因子の特性をよく考え、ほかの因子との関連にも注意して割りつけることが、実験成功への第一歩になります。

品質工学というシステムの最適化を目的とした技術体系で、「パラメータ設計」という手法があります。パラメータ設計の修得を目的として実施される演習で、「カミコプターの落下特性の最適化」というものがあります。パラメータ設計も直交表を使って多数の因子・水準を評価するため、誰でも短時間で簡単に手作りできるのでカミコプターは最適な教材として採用されています。

カミコプターは、はがきなどの厚紙で**図 7・14** のような造作をしたものです。

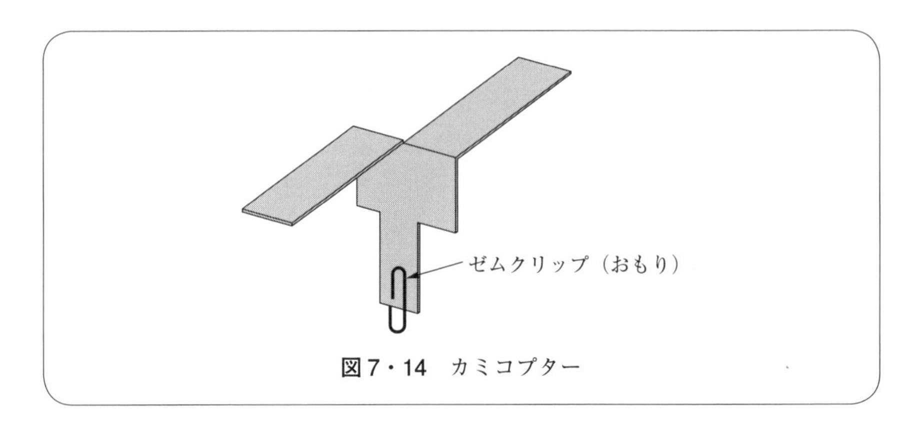

図７・14　カミコプター

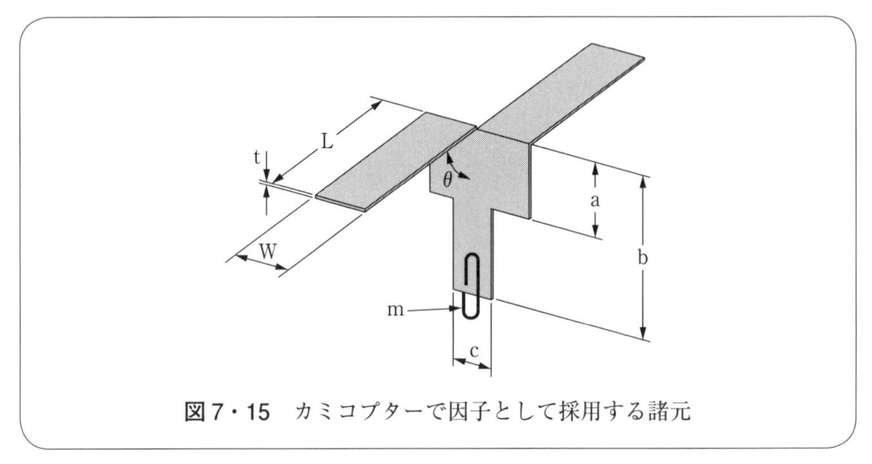

図７・15　カミコプターで因子として採用する諸元

カミコプターは回転しながら落下します。演習では落下特性にかかわりそうな要因を因子として取りあげ、直交表実験にのっとった実験を行い、結果を解析することで、一定の高さから目標の落下時間で安定的に落下する設計諸元をみつけだすことを目的としています。

さて、皆さんはカミコプターの最適化で、なにを因子として取りあげますか。少し考えてみてください。たぶん多くの方は、**図７・15** にしめす寸法やおもりのゼムクリップの質量を因子として採用し、それぞれ水準として 2～3 個の値を割りつけて実験計画を立案することだと思います。

《なにを因子として取りあげるべきか》

飛行機で飛行特性におおいにかかわる翼に関する特性として、「翼面積」、「アスペクト比」というものがあります。翼面積が大きければ発生する揚力は大きくなるようです。図7・15では、LWになります。アスペクト比とは、翼の幅に対する長さの比率で、L/Wになります。また、一定の翼面積あたりが受けもつ機体の重量を「翼面荷重」といい、こちらも飛行特性に大きな影響を及ぼします。カミコプターの全体の質量に重力加速度を掛けた結果が機体の重量です。機体の重量をMとすると、翼面荷重は$M/(LW)$になります。このように寸法や機体重量についての数式をたてると、飛行特性にかかわる特性は、寸法や重量というパラメータの掛け算の積や割り算の商の結果となっていて、交互作用のかたまりであることがわかります。

したがって、因子として翼長：L、翼幅：W、ゼムクリップを含む機体の重量：Mというパラメータを割りつけてしまうと、実験から得られる情報の信頼性は大幅に低下します。

たとえば、Lを因子として採用し、その水準に10 cm、12 cm、15 cmという寸法を割りつけます。同様にWを因子として採用し、その水準に1.5 cm、2.0 cm、2.5 cmという寸法を割りつけます。その結果、翼面積：LWという重要な特性は、15.0 cm^2、18.0 cm^2、20.0 cm^2、22.5 cm^2、24.0 cm^2、30.0 cm^2、36.0 cm^2、45.0 cm^{2}の8通り（30.0 cm^{2}は重複）になってしまいます。

そして、アスペクト比も4.00、4.80、5.00、6.00（重複）、6.67、7.50、8.00、10.00とこちらも8通りになってしまいます。

さらに、機体重量を3水準選択した場合、翼面積と関係する翼面荷重は$3 \times 8 = 24$通りになってしまいます。

このようなことを防ぐには、カミコプターの落下特性を本質的に支配している翼面積、アスペクト比、翼面荷重を因子として取りあげ、それぞれ3水準の数値を割りつけるようにします。

さらに、カミコプターは回転しながら落下するわけですから、回転の抵抗になる、胴体の面積やその面積モーメント、そして、回転におおいに影響を及ぼす慣性モーメントを因子として取りあげることで、信頼性の高い情報が得られる実験を立案することができるはずです。

このように、実験計画立案には、実験対象についての固有技術や自然科学の知識がとても重要になることを再認識してください。

ただし、やってみなければわからない！という対象を相手にしなければならないことがあるのも事実です。そのようなときは、２水準系の直交表を使って交互作用を調べるための予備実験を行うなど、本格的な実験を行う前の初動での活動がとても重要な要件になります。

第8章

分散分析の展開

8・1　誤差情報の信頼性を高めるためのプーリング

《プーリングとは》

通常必要になる情報を得るために行う分散分析の手法、手順は第6章までに紹介した内容です。ここからは、分散分析をさらに深く追求していく手法について紹介します。

6・3節ではL9直交表にのっとって、カード搬送用ローラーのグリップ力についてゴムの材質、硬度、ローラーの幅、ローラーの肉厚という4つの因子をそれぞれ3水準割りつけて実験を行い、その結果から要因効果の抽出と分散分析を実施しました。そして、その結果を表6・13にまとめました。これを**表8・1**として再掲載します。

この結果では、材質（5％有意）、硬度（1％有意）、肉厚（5％有意）という結果でしたが、ローラーの幅の水準間には統計的な有意性を確認することはできませんでした。さらに、分散比：F0は0.9であり偶然誤差：e2とほとんど同じ値です。そして、p値は約42％でした。

以上の結果から、ローラーの幅の違いはグリップ力に影響を及ぼさないものと考えることができます。そして、この幅の水準の違いによる変動は偶然誤差によるものだ、と考えることができます。

そこで、この幅に関する統計情報を偶然誤差に組みこめば、偶然誤差の情報

表８・１　L9 直交表　駆動ローラー諸元の分散分析結果

	1	2	3
材質	5.468	5.501	5.543
硬度	5.722	5.549	5.241
幅	5.514	5.483	5.514
肉厚	5.484	5.552	5.476

	f	S	V	F0	p 値〔%〕
材質	2	0.026	0.013	4.1	3.5
硬度	2	1.069	0.534	168.0	2.3E−10
幅	2	0.006	0.003	0.9	41.9
肉厚	2	0.032	0.016	5.0	1.9
e2	18	0.057	0.003		
全体	26	1.189			

量が増えるので、ほかの因子に関する分散分析結果の信頼性が向上する期待がもてます。

このように、分散比が１より小さい、または、１程度となった因子について、その統計情報を偶然誤差に組みこむ処理をプーリングといいます。

《プーリングの実施》

プーリングは原理さえ理解していればとても簡単に行うことができる処理です。プーリングの対象となる因子の自由度と変動を偶然誤差：e2 にたして、分散や分散比、および、p 値を再計算するだけです。

ただし、たとえ分散比が１より小さい因子であっても、その因子を機械的にプーリングしてしまうのは危険です。というのは、その後、実験を継続してデータを追加していけば、分散比が大きくなり統計的に有意とはいえないまでも、p 値が５％に近づく可能性も残っているからです。

また、複数の因子がプーリング対象として存在する場合、すべてを同時にプーリングするのではなく、１つずつプーリングして結果を観測しながら進めたほうがよいでしょう。

表8・2　ローラー幅をプーリングした分散分析結果

	1	2	3
材質	5.468	5.501	5.543
硬度	5.722	5.549	5.241
幅	5.514	5.483	5.514
肉厚	5.484	5.552	5.476

	f	S	V	F0	p値〔%〕
材質	2	0.026	0.013	4.1	3.2
硬度	2	1.069	0.534	169.4	2.9E−11
幅	2	0.006	—	—	—
肉厚	2	0.032	0.016	5.0	1.7
e2	20	0.063	0.003		
全体	26	1.189			

それでは、表8・1にしめした分散分析結果のローラー幅をプーリングしてみます。「幅」の自由度“2”をe2の自由度“18”にたします。その結果、e2の自由度は“20”になります。同様に「幅」の変動“0.006”をe2の変動にたします。その結果、e2の変動は“0.063”になります。そして、e2の分散を再計算すると“0.003”になります。あらたに得られたe2の変動で再度、「材質」、「硬度」、「肉厚」の分散比、そして、p値を計算します。

ローラー幅をプーリングした結果、「材質」のp値は3.5％から3.2％に減少しました。同様に「硬度」のp値も2.3×10^{-10}％から2.9×10^{-11}％、「肉厚」のp値も1.9％から1.7％に減少しました。これらの因子の水準間の違いがグリップ力に及ぼす効果の必然性が高まったことになります（**表8・2**）。

8・2　純変動と寄与率

《因子の変動を精製する》

プーリングを実施して分散比が1より小さい、あるいは、1程度の因子に関する変動をすべて偶然誤差に組みこむことで誤差の情報の品質が高まります。

これですべての偶然誤差に関する変動の情報がe2の変動に組みこまれたか、というとまだ不十分です。それは、因子内のそれぞれの水準がかかわったデータを平均した要因効果の違いのなかにも、偶然誤差の影響があるかもしれないからです。

たとえば、表8・2の因子「材質」で、材質α、材質β、材質γという違いがグリップ力に及ぼす効果として、それぞれの要因効果が“5.468”、“5.501”、“5.543”と得られました。しかし、この3つの数値の間にも偶然誤差が混入しているかもしれないということです。そこで、この要因効果の違いのなかに含まれる偶然誤差を分離して、それをe2の変動の情報に加えていくことを考えます。

表8・2にしめす統計情報のなかで、偶然誤差の分散：V_{e2}とはどのような特性なのかと考えてみると、V_{e2}は偶然誤差：e2の変動“0.063”を偶然誤差：e2の自由度で割った結果です。すると、この分散V_{e2}は自由度“1”あたりの偶然誤差の変動と考えることができます。

「材質」の自由度は“2”です。そして、変動は“0.026”です。このなかには$2 \times V_{e2}$だけの偶然誤差が混入している懸念があることになります。そこで、「材質」の変動から$2 \times V_{e2}$を引くことで「材質」の違いだけに由来した「材質」の変動を知ることができるようになります。これを純変動といいS'で標記します。そして、引いた分は偶然誤差：e2の変動に組みこみます。

このように、各因子の変動から誤差分散：V_{e2}にそれぞれの因子の自由度を掛けた値を引き、引いた分を逐次e2の変動にたしていき、分散分析表を再構築します。その結果が**表8・3**です。

全体の変動の値と因子と偶然誤差の純変動の総和は、当然の結果として同じ値になります。

純変動を求めるときには必ず事前にプーリングをしておく必要があります。もし、偶然誤差との分散比が1に近いような因子をプーリングしないで純変動を求めようとすると、計算結果が負の値になることがあります。負の値の変動は存在しません。この点に注意して純変動を計算してください。

また、純変動は実験に取りあげた因子のみを対象にします。因子間の交互作

表8・3　プーリングした結果に対して純変動：S′ を求めた

	f	S	V	F0	p値〔%〕	S′
材質	2	0.026	0.013	4.1	3.2	0.020
硬度	2	1.069	0.534	169.4	2.9E−11	1.062
幅						
肉厚	2	0.032	0.016	5.0	1.7	0.025
e2	20	0.063	0.003			0.082
全体	26	1.189	←	おなじ値	→	1.189

用は純変動を求める対象とはしません。交互作用は偶然誤差を取りのぞいたとしても、その結果には意味がなく重要な情報を得ることができないからです。

《寄与率：ρ について》

第3章の3・4節で、回帰分析で求めた回帰方程式のあてはまりのよさの指標として、「寄与率」を紹介しました。ここから紹介する「寄与率」は、同じことばですがそのことばがしめす内容は異なります。ただし、全体のなかで、どの程度の関与があるか、ということばの本質は同じです。

純変動を求めた分散分析の結果での「寄与率」とは、全体の変動、あるいは、純変動の総和に対するそれぞれの因子の純変動がしめる割合のことです。

こちらも計算は簡単で、各因子の純変動を全体の変動で割った結果の百分率になります。

表8・4にしめしたそれぞれの因子の寄与率をみると、圧倒的に「硬度」の

表8・4　純変動から寄与率：ρ を求めた結果

	f	S	V	F0	p値〔%〕	S′	ρ〔%〕
材質	2	0.026	0.013	4.1	3.2	0.020	1.6
硬度	2	1.069	0.534	169.4	2.9E−11	1.062	89.3
幅							
肉厚	2	0.032	0.016	5.0	1.7	0.025	2.1
e2	20	0.063	0.003			0.082	6.9
全体	26	1.189	←	おなじ値	→	1.189	100.0

寄与率が高い値をしめしています。つまり、グリップ力にもっとも影響を与えているのが「硬度」ということになります。

8・3　実験計画と分散分析結果を比較してみる

第5章から第6章にかけて、カード搬送用ローラーのゴムの材質や硬度、寸法について、2元配置実験、3元配置実験の完備型実験、実験計画法の3×3×3

表8・5　4元配置　完備型くり返し12データ

材質	硬度	幅	肉厚	1	2	3	4	5		10	11	12
α	70°	3 mm	3 mm	5.68	5.68	5.67	5.72	5.7	7	5.85	5.63	5.59
			4 mm	5.81	5.81	5.69	5.73	5.7	4	5.63	5.65	5.57
			5 mm	5.65	5.66	5.61	5.79	5.7	56	5.56	5.45	5.5
		4 mm	3 mm	5.69	5.69	5.64	5.57	5.	76	5.75	5.71	5.91
			4 mm	5.71	5.72	5.74	5.62	5.	.88	5.87	5.84	5.78
			5 mm	5.79	5.8	5.59	5.8		.75	5.75	5.73	5.64
		5 mm	3 mm	5.75	5.75	5.77	5.7		5.67	5.66	5.68	5.7
			4 mm	5.66	5.67	5.57	5.54		5.6	5.61	5.68	5.66
				5.68	5.69	5.71	5.72					
β	80°		5 mm						5.4	5.39	5.45	5.4
		4 mm	3 mm	5.58	5.57	5.53	5.55		5.43	5.47	5.37	5.68
			4 mm	5.56	5.56	5.67	5.47		5.69	5.72	5.71	5.73
			5 mm	5.51	5.49	5.43	5.48		5.8	5.75	5.64	5.64
		5 mm	3 mm	5.5	5.52	5.59	5.53		5.57	5.53	5.49	5.45
			4 mm	5.62	5.56	5.54	5.62		5.55	5.8	5.92	5.92
			5 mm	5.58	5.56	5.6	5.51		5.75	5.65	5.73	5.73
				5.46	5.36	5.27	5.39					
γ	90°		5 mm						.27	5.33	5.37	5.13
		4 mm	3 mm	5.14	5.3	5.28	5.31	5.	95	5.07	5.17	5.14
			4 mm	5.41	5.28	5.24	5.11	5.	49	5.55	5.39	5.33
			5 mm	5.28	5.12	5.04	5.36	5.1	4	5.19	5.2	5.19
		5 mm	3 mm	5.1	5.39	5.43	5.15	5.0	2	5.03	5.04	5.05
			4 mm	5.28	5.18	5.15	5.3	5.2	6	5.43	5.58	5.54
			5 mm	5.04	5.22	5.32	5.26	5.3	3	5.37	5.35	5.34

ラテン方格法、L9 直交表を使った実験結果をしめし、それぞれについて基本的な分散分析や交互作用を分離した分散分析を説明しました。そして、本章ではプーリング、純変動と寄与率などについて実施方法を説明してきました。

実は、それぞれの実験で使ったデータは、ゴムローラーの「材質」、「硬度」、「幅」、「肉厚」を取りあげて、実際に筆者が実施した完備型 4 元配置実験の結果から抽出したデータを使っています。しかも、もととなる完備型 4 元配置実験は 12 回のくり返しデータを採集しています。

そこで、もっとも情報量が多く、もっとも信頼性が高いものと考えられる 12 回くり返しの完備型 4 元配置実験のデータから求めた分散分析結果の情報と、ほかの実験から得た情報を比較してみます。

なお、完備型 4 元配置実験の結果はとても本書の紙面には収まりませんから、**表 8・5** に抜粋だけを掲載します。データはダウンロードしたフォルダ【教材フォルダ.zip】のファイル『第 8 章.xls』のシート「4 元配置完備データ」に収録してあります。こちらを参照しながら、以下の説明を読んでください。

《4 元配置　くり返し 12 データを分散分析すると》

3 水準からなる 4 つの因子（材質、硬度、幅、肉厚）の組みあわせ 81 通りについて、それぞれ 12 回くり返してグリップ力を計測した結果から求めた要因効果を**表 8・6** にしめします。

そして、完成した分散分析表を**表 8・7** にしめします（シート「4 元配置 12 データ解析」参照）。

表 8・7 では、因子の材質、硬度、肉厚が統計的 1 ％有意となっています。幅は有意にはなりませんでした。

表 8・6　くり返し 12 データの要因効果

	第 1 水準	第 2 水準	第 3 水準
材質	5.466	5.499	5.520
硬度	5.699	5.578	5.208
幅	5.492	5.499	5.494
肉厚	5.461	5.512	5.512

表８・７　分散分析表

	f	S	V	F0	p 値〔%〕
材質	2	0.481	0.241	17.6	0.0
硬度	2	42.514	21.257	1550.8	0.0
幅	2	0.008	0.004	0.3	74.37
肉厚	2	0.560	0.280	20.4	0.00
A×B	4	0.272	0.068	5.0	0.1
A×C	4	0.106	0.027	1.9	10.3
A×D	4	0.053	0.013	1.0	43.0
B×C	4	0.075	0.019	1.4	24.2
B×D	4	0.109	0.027	2.0	9.5
C×D	4	0.125	0.031	2.3	5.9
e1	48	2.362	0.049	3.6	0.0
e2	891	12.213	0.014		
全体	971	58.878			

表８・８　プーリングを実施して純変動と寄与率を求めた結果

	f	S	V	F0	p 値〔%〕	S′	ρ〔%〕
材質	2	0.481	0.241	17.6	0.0	0.454	0.8
硬度	2	42.514	21.257	1550.8	0.0	42.486	72.2
肉厚	2	0.560	0.280	20.437	0.0	0.533	0.9
A×B	4	0.272	0.068	5.0	0.1	0.272	0.5
C×D	4	0.125	0.031	2.3	5.9	0.125	0.2
e1	48	2.362	0.049	3.6	0.0	2.362	4.0
e2	909	12.563	0.014			12.645	21.5
全体	971	58.878				58.878	100.0

また、分離した交互作用のなかでは、材質×硬度が１％有意となりましたが、ほかの交互作用は有意にはなっていません。

ただし、幅と肉厚の交互作用は分散比が2.3程度あります。そこで、プーリングの対象は分散比が２以下のものとしてプーリングを行った結果、**表８・８**が得られました（シート「プーリングと純変動」参照）。

《4元配置　くり返し3データの分散分析と比較する》

本書の5章、6章で説明してきた2元配置、3元配置、3×3×3ラテン方格、L9直交表で解析対象としていた、それぞれ3回くり返して採集したデータは、表8・5にしめした4元配置くり返し12回のデータで、くり返しの1～3回に該当するデータを抜粋して使っています。

そこで、4元配置で1回目から3回目までのくり返しデータを使って要因効果を求め、分散分析を行い、12回くり返した場合と比較してみます。

表8・9が4元配置でくり返し3回データを採取した場合の材質、硬度、ローラー幅、肉厚に関する要因効果です（シート「4元配置3データ解析」参照)。表8・6と比較するために要因効果図を描き、**図8・1**にしめします。図8・1の要因効果図をみると、肉厚にわずかに異なる傾向がありますが、そのほかの因子では両者はほとんど違いがありません。

表8・9　4元配置　くり返し3データの要因効果

	第1水準	第2水準	第3水準
材質	5.460	5.506	5.523
硬度	5.734	5.559	5.195
幅	5.502	5.488	5.498
肉厚	5.478	5.520	5.490

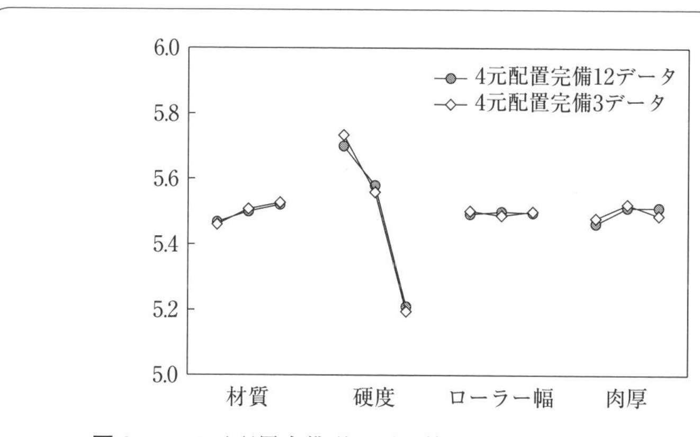

図8・1　4元配置完備型の要因効果　くり返しデータ数の違い

表８・10　くり返し３データの分散分析表

	f	S	V	F0	p 値〔%〕
材質	2	0.172	0.086	15.2	0.0
硬度	2	12.248	6.124	1081.3	0.0
幅	2	0.008	0.004	0.7	49.20
肉厚	2	0.076	0.038	6.7	0.16
A×B	4	0.320	0.080	14.1	0.0
A×C	4	0.213	0.053	9.4	0.0
A×D	4	0.091	0.023	4.0	0.4
B×C	4	0.161	0.040	7.1	0.0
B×D	4	0.075	0.019	3.3	1.2
C×D	4	0.108	0.027	4.8	0.1
e1	48	1.848	0.039	6.8	0.0
e2	162	0.918	0.006		
全体	242	16.237			

表８・11　くり返し３データのプーリング後の純変動と寄与率

	f	S	V	F0	p 値〔%〕	S′	ρ〔%〕
材質	2	0.172	0.086	15.2	0.0	0.161	1.0
硬度	2	12.248	6.124	1081.3	0.0	12.237	75.4
肉厚	2	0.076	0.038	6.7	0.16	0.064	0.4
A×B	4	0.320	0.080	14.1	0.0	0.320	2.0
A×C	4	0.213	0.053	9.4	0.0	0.213	1.3
A×D	4	0.091	0.023	4.0	0.4	0.091	0.6
B×C	4	0.161	0.040	7.1	0.0	0.161	1.0
B×D	4	0.075	0.019	3.3	1.2	0.075	0.5
C×D	4	0.108	0.027	4.8	0.1	0.108	0.7
e1	48	1.848	0.039	6.8	0.0	1.848	11.4
e2	164	0.926	0.006			0.960	5.9
全体	242	16.237				16.237	100.0

しかし、表8・7と**表8・10**の分散分析表をみくらべると、2因子間の交互作用のすべてが統計的有意になる3データの結果（表8・10）に対して、12データの結果（表8・7）では材質と硬度の交互作用だけが1％有意になります。

くり返しデータを多く取るほど、正規分布にしたがう偶然誤差の個数も増えるので、確率論的におおきな誤差が生じる可能性も高まります。そのため、表8・7の偶然誤差：e2の分散は0.014となって、くり返し3データの場合の0.006の2倍以上になっています。

この実験の場合、12データのほうが偶然誤差の分散が大きくなっているため、因子や交互作用の分散比は、3データの場合に較べて小さくなります。その結果として統計的有意になる要因が少なくなります（**表8・11**）。

《くり返し6データまでを分散分析すると》

分散分析を目的としてくり返しデータを採集する実験を行った場合、くり返して採集した全データを使いますが、そのなかからいくつか抜きだして分散分析してみると、あらたな知見が得られることもあるかもしれません。

ためしに、表8・5のデータで6回目までのデータを使い、要因効果を求め、分散分析をおこなってみました。

表8・12は要因効果、**表8・13**は分散分析表、そして、**図8・2**には図8・1にくり返し6回の場合の要因効果を追加した結果をしめしました。

表8・13をみると、因子では「幅」、交互作用では材質と肉厚、硬度と幅、硬度と肉厚の3つがプーリングの候補になっています。くり返し3回のときよりも、くり返し12回の分散分析結果に近づいてきました。

表8・12　くり返し6データの要因効果

	第1水準	第2水準	第3水準
材質	5.457	5.498	5.515
硬度	5.711	5.564	5.195
幅	5.499	5.476	5.495
肉厚	5.460	5.506	5.504

表８・13　くり返し６データの分散分析表

	f	S	V	F0	p 値〔%〕
材質	2	0.295	0.148	11.4	0.0
硬度	2	22.940	11.470	887.1	0.0
幅	2	0.049	0.024	1.9	15.39
肉厚	2	0.222	0.111	8.6	0.02
A×B	4	0.202	0.051	3.9	0.4
A×C	4	0.160	0.040	3.1	1.6
A×D	4	0.055	0.014	1.1	37.6
B×C	4	0.075	0.019	1.4	21.8
B×D	4	0.092	0.023	1.8	13.1
C×D	4	0.158	0.040	3.1	1.7
e1	48	1.709	0.036	2.8	0.0
e2	405	5.236	0.013		
全体	485	31.193			

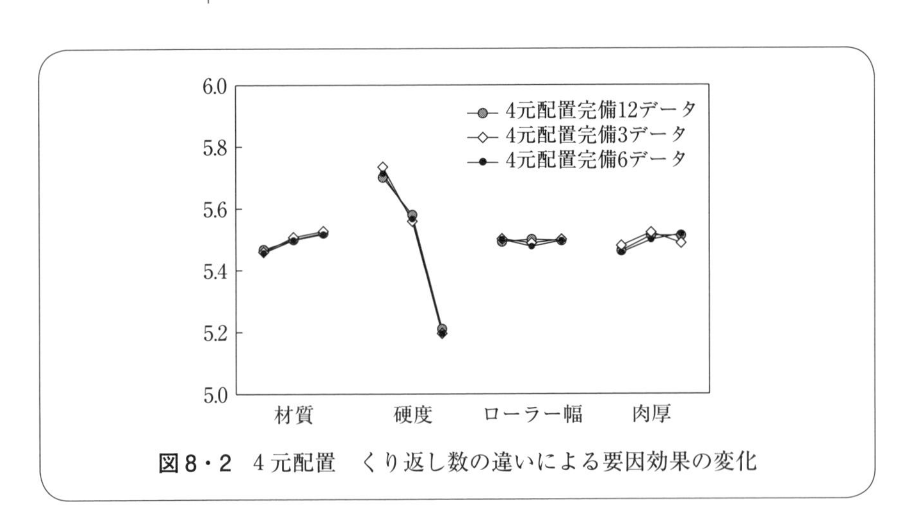

図８・２　４元配置　くり返し数の違いによる要因効果の変化

《分散分析を目的とした実験の比較》

ここまで、紙搬送用の駆動側ゴムローラーについて、グリップ力を完備型と実験計画法にのっとった方法による実験を行い、その結果から、要因効果の分離と分散分析を行ってきました。

ゴムローラーのグリップ力に関与するであろうローラーの諸元として、ゴムの材質、硬度、ゴムローラーの幅、肉厚を因子として取りあげました。

グリップ力に対して、どの因子がどのような規模で関与しているのか、は神のみぞ知るもので、私たちはそれらについて想像することしかできません。ただし、いろいろと行ってきた実験のなかで、4元配置完備型実験で12回くり返してデータ採集を行った結果に対する要因効果や分散分析の結果が、もととなるデータ数の大きさから、もっとも情報量が多いものと考えられます。

つぎに、6回くり返した4元配置完備型、3回くり返した4元配置完備型と続くはずです。

残念ながら材質γがもっともグリップ力を大きくする水準であることを見抜くことはできませんでしたが、L9直交表ももう少しくり返してデータを採集すればこれを見抜けるかもしれません。

ぜひ、「第8章.xls」の「4元配置完備データ」のデータを使ってくり返し回数を増やして、L9直交表での解析に挑戦してみてください。

また、3×3×3のラテン方格を使おうとするならば、もう1因子さがしだしてL9直交表にのっとった実験計画を立案したほうが、絶対に良質な情報を手に入れることができるはず、というこにも納得していただけることでしょう。

《分散分析の根源的な問題》

ここまで紹介、解説してきましたように、分散分析では計画された因子・水準を複数の組みあわせで実験します。そして、それぞれの実験ごとに複数回くり返してデータを採集します。同じ実験の組みあわせのなかでも採集した複数のデータにはばらつきが生じます。このばらつきを個々の実験で発生した偶然誤差としてとらえ、それらを実験全体でまとめ、実験の対象としている事象についての偶然誤差の情報としています。

グリップ力について、ゴムローラーの諸元に関する分散分析を目的として4元配置完備型くり返し12回の実験を実施しました。そして、その結果、ゴムの材質、硬度、ローラーの肉厚は、その水準の違いがグリップ力の大きさに影響を与えていることが確認できました。しかし、ゴムローラーの幅は、グリップ力に影響しているとはいえない、という結論です。

さて、この4元配置実験で、もっともグリップ力に影響を与えているのは、ゴム硬度です。材質 α の硬度 90° のデータについて、ローラー幅の水準ごとにデータを散布してみたものが、**図8・3**です。

ローラー幅3 mm のデータの平均を計算すると 5.699 N、4 mm は 5.740 N、5 mm は 5.665 N でした。しかし、図8・3のデータの範囲をみると、ローラー幅が大きくなるほどばらつきは小さくなるのはあきらかです。

分散分析の結果から、ローラー幅の違い自体はグリップ力に及ぼす効果に違いがあるとはいえない、という結論が得られています。しかし、ばらつき具合は、ローラー幅の影響を受けているのではないでしょうか。事実、筆者の経験として、ローラー幅が大きいほど、グリップ力のばらつきは小さくなる傾向はこの実験を行う以前から感じていました。

しかし、分散分析では、ローラー幅の水準ごとに異なるかもしれないグリップ力のばらつきは、水準ごとに分離するのではなく、すべて偶然誤差として集約して一元化してしまいます。もし、水準ごとにばらつきの大きさに違いがある因子があるとしたら…

これに注目して、この思想を発展させ、ばらつきを低減するための評価技術

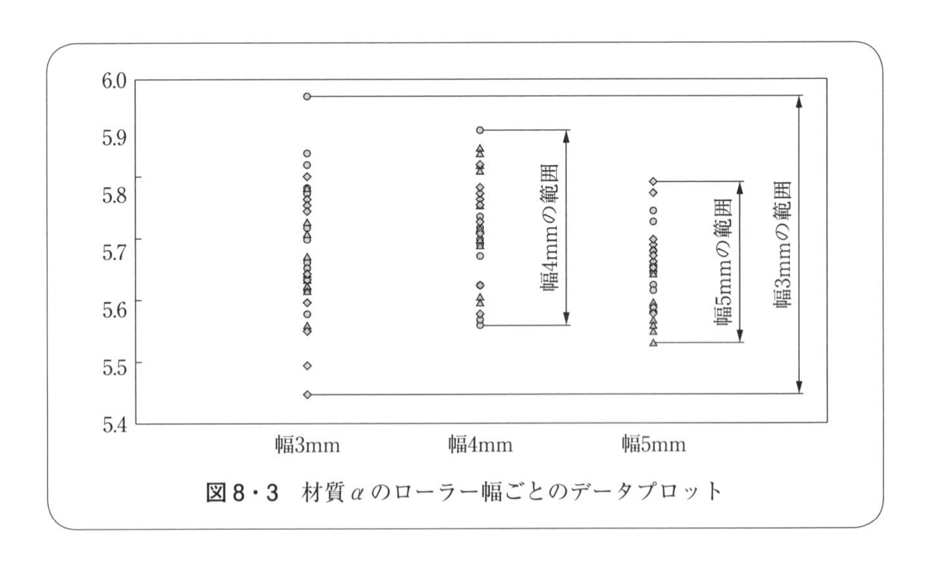

図8・3　材質 α のローラー幅ごとのデータプロット

として確立した技術体系が、田口玄一が考案した品質工学のパラメータ設計です。

それでは、品質工学のパラメータ設計のほうが進化していて、より優れている技術なのか、というとそうではありません。

分散分析を目的とした実験計画法と、パラメータ設計はそれぞれの目的が異なります。

パラメータ設計は、技術や製品の機能を安定化させるための要因の選択肢をみつけるための技術です。分散分析を目的とした実験計画法は、モノゴトのふるまいを支配している要因の効果の大きさを調べるためのものです。

なにが目的かよく考えて、両者をうまく使いわけていくことで、より効果的な実験を計画することができるようになります。

さいごに

　ここまで、Microsoft 社の表計算ソフトウェア Excel に実装されている統計学に関連した関数を積極的に活用して、分散分析を実施する方法について説明してきました。

　第2章で解説している分散分析を実施するときに必要となる統計学の知識をもっていなくても、第5章以降で説明している内容を忠実に実行すれば、分散分析の結果を得ることができて、解決すべき科学・技術の問題に対して、技術者個人としての適切な判断を行うことは可能です。

　しかし、統計学をしっかりと知識としてたくわえておけば、分散分析結果について、他者を説得し、納得を引きだすことができます。

　Excel の関数を使った分散分析を少しずつ実施しながら、あわせて統計学についても学習し、知識をたくわえていくことをおすすめします。

　さて、第1章の図1・1にしめした乱数発生器ですが、すべての組みあわせで表示される値を表にまとめると、**表9・1**のようになります。皆さんが想像

表9・1　乱数発生器の表示する値

A＼B	1	2	3
1	1	4	9
2	2	5	10
3	3	6	11

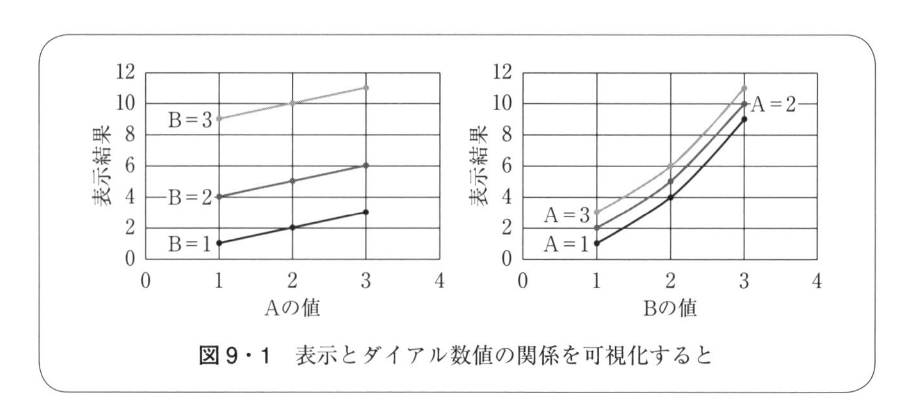

図9・1　表示とダイアル数値の関係を可視化すると

したそのしくみはどのようなものですか。

乱数発生器のなかのしくみは、

(表示結果)=(B の値) の 2 乗+(A の値)−1

でした。

図9・1のように、A、B それぞれのダイアルの数値と表示結果の関係をグラフにして可視化することで、A のダイアルは 1 次関数、B のダイアルは 2 次関数になっている、という情報が得られます。

分散分析をするときには、Excel を使って数値の情報を追求するだけでなく、まず、生データについてのグラフを描いて可視化することも大切であることも覚えておいてください。

索　引

【数　字】

【アルファベット】

【Excel 関数】

【あ　行】

【か　行】

【さ　行】

【た 行】

【は 行】

【ま　行】

【や　行】

【ら　行】

【わ　行】

著者紹介

鈴木　真人（すずき　まさと）

1958年　静岡県生まれ

1982年　芝浦工業大学 工学部 機械工学科 卒業

同年　産業機器メーカーに入社

以後、同社にて、タイムレコーダ、駐車場管理機器、集塵機、清掃機、電解水生成装置、デジタルタイムスタンプ、電子書名等の商品ならびに技術開発を担当。

【著作】

「バーチャル実験で体得する 実践・品質工学」 日刊工業新聞　2007

「試して究める！品質工学 MT システム解析法入門」 日刊工業新聞　2012

「めざせ！最適設計 実践・公差解析」 日刊工業新聞　2013

「今度こそ納得！難しくない品質工学」 日刊工業新聞　2016

「独習！信号処理」 秀和システム　2017

これで納得！即実践！
分散分析と実験計画法

NDC417.7

2018年3月26日　初版1刷発行

（定価はカバーに表示してあります）

©著　者　鈴木　真人
発行者　井水　治博
発行所　日刊工業新聞社
〒103-8548　東京都中央区日本橋小網町14-1
電　話　書籍編集部　03（5644）7490
販売・管理部　03（5644）7410
FAX　03（5644）7400
振替口座　00190-2-186076
URL　http://pub.nikkan.co.jp/
e-mail　info@media.nikkan.co.jp
製　作　(株)日刊工業出版プロダクション
印刷・製本　美研プリンティング(株)

落丁・乱丁本はお取り替えいたします。　2018 Printed in Japan

ISBN978-4-526-07829-3　C3034